Wilhelm Tettau

Erfurts Unterwerfung unter die Mainzische Landeshoheit

Wilhelm Tettau

Erfurts Unterwerfung unter die Mainzische Landeshoheit

ISBN/EAN: 9783743347915

Hergestellt in Europa, USA, Kanada, Australien, Japan

Cover: Foto ©berggeist007 / pixelio.de

Manufactured and distributed by brebook publishing software
(www.brebook.com)

Wilhelm Tettau

Erfurts Unterwerfung unter die Mainzische Landeshoheit

Neujahrsblätter.

Herausgegeben von der Historischen Commission
der Provinz Sachsen.

11.

Erfurts Unterwerfung

unter

die Mainzische Landeshoheit.

(1648—1664.)

Von

Wilh. Freiherrn von Tettau.

Halle,

in Commission bei C. E. M. Pfeffer (R. Stricker.)

1887.

Das gegen den Ausgang des Mittelalters hervortretende Streben der deutschen Landesherren, ihre Machtbefugnisse zu erweitern, richtete sich nicht nur nach oben, gegen das Reichsoberhaupt, sondern auch nach unten, gegen ihre Vasallen, insbesondere gegen die in ihren Gebieten gelegenen Städte; und zwar gegen diese um so mehr, als die zwischen beiden Teilen obwaltenden Verhältnisse vielfach unklar und schwankend waren und daher bequeme Angriffspunkte darboten. Die hierdurch herbeigeführten Kämpfe hatten keineswegs bereits beim Eintritt der neueren Zeit überall ihren Abschluß erhalten, ja sie traten nach der Beendigung des großen Krieges mit doppelter Schärfe auf, meistens als eine Folge des westfälischen Friedens, der eine Zwitterstellung zwischen den Reichs- und den gewöhnlichen Landstädten nicht mehr kannte und überall auf Abklärung der staatlichen Verhältnisse drang. So geschah es bei Bremen, Hamburg, Köln, Münster, Braunschweig, Magdeburg und Breslau Bei den drei erstgenannten, endigten diese Kämpfe mit Anerkennung der Reichsunmittelbarkeit, in den meisten Städten aber mit der vollständigen Unterwerfung unter die fürstliche Landeshoheit. In keinem dieser Fälle trat jedoch eine so gänzliche Vernichtung jeder politischen Selbständigkeit ein wie bei Erfurt. Das Geschick desselben bietet daher auch ein weit über die Grenzen seines Weichbildes hinausgehendes Interesse. Obenein war es der erste Fall, wo es der überrheinische Erbfeind nach dem Frieden unternahm, sich in die inneren Angelegenheiten eines deutschen Landes zu mischen. So gestaltet es sich gewissermaßen zu einer Grenzmarke in der Geschichte Deutschlands.

1*

Daß das Schicksal Erfurts einen so tragischen Ausgang nahm, lag weniger darin, daß ihm in Johann Philipp dem Kurfürsten von Mainz, ein ebenso energischer als staatskluger Gegner gegenüber trat, als darin, daß nirgends die inneren Verhältnisse so zerrüttet waren und nur durch gewaltsame Mittel zu einem gesunden Zustande zurückgeführt werden konnten wie hier. Zugleich waren aber bei keiner anderen größeren Stadt Deutschlands die Befugnisse des nominellen Landesherrn so schwankend, die demselben unbestritten zustehenden Rechte so geringfügig, der von ihm völlig unabhängige Grundbesitz der Gemeinde so bedeutend, daß der Gegensatz zwischen der Vergangenheit und dem was dieser folgte in gleicher Schroffheit eintreten konnte.

Die Stadt Erfurt, ursprünglich ein unmittelbares Besitztum der deutschen Könige, war vielleicht schon zur Zeit der Kaiser aus dem sächsischen Hause unter die Landeshoheit der Erzbischöfe von Mainz gekommen. In dem Maße aber, wie der Wohlstand der Stadt, durch ihre Lage, als Metropole des gesegneten Thüringerlandes und Hauptstapelplatz des Handels zwischen dem Mittelmeer und dem Norden und Osten Europas begünstigt, wuchs, verminderten sich die Befugnisse des Landesherrn; zuletzt blieb ihm nur noch ein bescheidener Anteil an der Gerichtsbarkeit übrig. Obenein brachten Wohlhabenheit und geschickte Benutzung der steten Geldbedürfnisse und der nie aufhörenden Fehden der benachbarten Machthaber die Stadt in die Lage, ein bedeutendes Gebiet zu erwerben, das sich, vom Erzstifte Mainz unabhängig, zu den thüringisch-sächsischen Fürsten und anderen weltlichen und geistlichen Herren auch blos dem Namen nach in lehensherrlichem Verbande befand. Von der Mitte des 14. bis in den Beginn des

16. Jahrhunderts gehörte der Rat von Erfurt sogar als Besitzer der Herrschaft Capellendorf zu den unmittelbaren Ständen des Reiches.

So hatte sich Erfurt zum Schiedsrichter Thüringens aufschwingen können; seine Bundesgenossenschaft oder Gegnerschaft gaben den Ausschlag in den Fehden des Landes. Seine Universität, die erste Deutschlands, die von einer Stadtgemeinde gegründet wurde, war eine der berühmtesten und besuchtesten Pflanzstätten der Wissenschaft. Schon 1338 hielt Erfurt, vielleicht zuerst in Deutschland, stehende Truppen.

In diesen glücklichen Umständen trat aber seit der Mitte des 15. Jahrhunderts ein schroffer Umschwung ein. Der Reichtum der Gemeinde und die Leichtigkeit sich auch zu den größten Ausgaben Mittel zu verschaffen, führten dazu, daß man das Geld ohne Bedenken mit vollen Händen fortwarf und schließlich der Stadt eine Schuldenlast aufbürdete, aus der sie sich nicht mehr empor zu arbeiten vermochte.

Fast noch wesentlicher war es, daß Erfurt seine bisherige Politik, sich der Landgrafen von Thüringen, denen außer der Lehensherrlichkeit über den größten Teil des Gebiets ein vertragsmäßig anerkanntes Erbschutzrecht über die Stadt Erfurt zustand, gegen die Erzbischöfe von Mainz, und der letzteren gegen die ersteren zu bedienen und so die beiden Bewerber um die Landeshoheit über die Stadt und ihr Gebiet gegenseitig in Schach zu halten, aufgeben mußte, als einer der sächsisch-thüringischen Fürsten, Albert, 1482 den erzbischöflichen Stuhl von Mainz bestieg. Der vereinten Macht war Erfurt nicht gewachsen; einer Entscheidung des ungleichen Kampfes durch die Gewalt der Waffen konnte es nur dadurch vorbeugen, daß es 1483 durch den Vertrag zu Amorbach dem Erzbischofe eine erhebliche Erweiterung seiner Rechte zugestand, durch den von Weimar einen nicht unbeträchtlichen Teil seines Gebietes an Sachsen abtrat. So geschah es, daß Erfurt die Früchte der früheren Anstrengungen wieder verlor. Es hat in Deutschland in der ersten Hälfte des 15. Jahrhunderts wohl kaum eine zweite Stadt gegeben, wo in gleichem Maße wie hier alle Umstände die Erringung vollständiger Unabhängigkeit begünstigten. Durch Mangel an Konsequenz und Staatsklugheit, durch fortwährende innere Zwiste, die den Erzbischöfen eine Handhabe boten, sich einzumischen und so die eingebüßten Rechte allmählich wieder zu erlangen, durch die Scheu kleine Opfer zu bringen um große Zwecke zu erreichen, hat Erfurt es selbst verschuldet, daß sein Schicksal endlich so ganz anders ausgefallen ist, als man es hätte erwarten können. Hatte man doch, um den Beitrag zu den Reichslasten abzuwenden, sich selbst hinter den Vorwand geflüchtet, daß Erfurt kein unmittelbares Reichsglied, sondern mainzische Landstadt sei.

Die nächste Gelegenheit seine Macht noch mehr zu erweitern und der völligen Erwerbung der Reichsfreiheit durch die Erfurter einen Riegel vorzuschieben, wurde dem Erzbischofe geboten, als bei dem 1510 wesentlich durch die schlimme Finanzwirtschaft veranlaßten Aufruhre, der unter dem Namen des „tollen Jahres" bekannt ist, die niedere Bürgerschaft selbst sein Einschreiten erbat. Denn der Abschluß dieser Angelegenheiten, der nach jahrelangen Kämpfen unter dem kräftigen Einschreiten des inzwischen auf den erzbischöflichen Stuhl gelangten staatsklugen Albrecht von Brandenburg erfolgte, hatte wesentliche Einbußen für die Selbständigkeit und politische Machtstellung Erfurts in seinem Gefolge.

Obenein hatte seine Wohlhabenheit damals die schwersten Schläge zu erdulden. Die reichsten Bewohner — die Patrizier —, die in Folge des Aufstandes die Stadt verlassen und ihr Vermögen mitgenommen hatten, kehrten auch nach hergestellter Ruhe meist nicht wieder zurück. Sie hatten den Waidhandel, bisher die Hauptquelle von Erfurts Wohlstand, mit hinweg gezogen; das wenige, was der Stadt verblieb, verlor, seit der Waid vom Indigo verdrängt wurde, fast jede Bedeutung. Erfurt hörte in Folge der Entdeckungen auf, den Hauptstapelplatz zwischen dem Süden und Norden Europas zu bilden und büßte seinen Anteil am Welthandel vollständig ein, und auch der Binnenhandel ging größtenteils auf das von den sächsischen Fürsten und diesen zu gefallen auch von den Kaisern begünstigte Leipzig über. Die Universität, schon durch den sog. Studentenlärm von 1510 und den Pfaffensturm von 1521 in ihren Grundfesten tief erschüttert, geriet bald vollständig in Verfall, da sie, von einer verarmten Gemeinde unterhalten, dem Wettbewerbe der von Fürsten reich ausgestatteten Hochschulen Leipzig, Wittenberg, Jena und Marburg erlag.

Dazu kam, daß die Erzbischöfe von Mainz, die im Hammelburger Vertrage (1530) gewährten Befugnisse immer mehr zu erweitern suchten, und ihre Zwistigkeiten mit der Gemeinde daher fortwährend neue Nahrung erhielten.

Das Hauptübel, an welchem Erfurt litt, bestand jedoch darin, daß sich die Leitung der öffentlichen Angelegenheiten im Besitze einiger weniger Familien, der Patrizier oder Geschlechter, befand, deren Streben fast nur dahin gerichtet war, jene zu ihrem Privatnutzen auszubeuten, und daß sich auf diese Weise die Kluft zwischen den bevorrechteten Ständen und der übrigen Bürgerschaft immer mehr erweiterte. Während Einzelne zu Reichtum gelangten, verarmte die große Menge immer mehr. Die Einwohnerzahl Erfurts, gegen den Schluß des 15. Jahrhunderts wohl noch an 40,000 betragend, war trotz der langen Friedenszeit gegen Ende des 16. Jahrhunderts, also 100 Jahre nachher, bis auf die Hälfte gesunken und erreichte während des großen Krieges kaum ein Dritteil, zeitweise nur ein Vierteil der früheren Höhe.

Im Laufe dieses Krieges selbst wurde Erfurt zwar von unsäglichen Leiden heimgesucht, es konnte sich aber wenigstens eine Zeit lang der Hoffnung hingeben, endlich zu der so lange ersehnten Unabhängigkeit von Mainz zu gelangen, da der Erzbischof keine landesherrlichen Rechte in der bis über den westfälischen Frieden hinaus von den Schweden besetzten Stadt ausüben konnte. Da auch die Schweden sich jeder Einmischung in die inneren Angelegenheiten enthielten, so regierte der Rat die Stadt so gut wie ganz selbständig.

Aber die Hoffnung nunmehr endlich die Anerkennung der Reichsunmittelbarkeit zu erlangen, wurde auch diesmal getäuscht, da alle Bemühungen um Zulassung der Erfurter Abgeordneten zum Friedenskongreß an dem Widerspruche von Mainz und Kursachsen scheiterten. Die Stadt blieb im Frieden ganz unerwähnt und mußte also rechtlich in ihre früheren Verhältnisse zurücktreten, d. h. in eine halbe Selbständigkeit der Stadt selbst und in eine vollständige Unabhängigkeit des Gebietes von Mainz. In diesem Zwitterzustande würde sich Erfurt wohl auch ferner haben erhalten können, wenn nicht wieder innere Unruhen ausgebrochen wären, die dem gerade damals (1647) auf den erzbischöflichen Sitz gelangten Kurfürsten Johann Philipp von Schönborn eine willkommene Handhabe zur Einmischung in die inneren Verhältnisse der Stadt gewährten.

Johann Philipp, einer wenig begüterten Familie des Westerwaldes entsprossen, erwarb sich frühzeitig als Domherr zu Würzburg einen solchen Ruf in der Verwaltung, daß er, erst 27 Jahre alt, zum Bischof von Würzburg gewählt wurde (1642). Der freisinnigste und vorurteilsfreieste Kirchenfürst seiner Zeit, vielleicht seines Jahrhunderts, der thätigste Staatsmann Deutschlands, von seltener Willensstärke und noch in der vollen Kraft der Jahre, machte er die Wiederherstellung der sehr erschütterten Macht des Erzstifts zur Hauptaufgabe seines Lebens, und gerade Erfurt gegenüber scheint er geglaubt zu haben, daß sich die völlige Losreißung der Stadt von Mainz während der Schwedenzeit werde dazu benutzen lassen sie ganz unter die Botmäßigkeit des Stifts zu bringen. Die wiederum zwischen Rat und Bürgerschaft entstandenen Streitigkeiten boten ihm einen geeigneten Vorwand für eine Einmischung.

An der Spitze der Gemeindeverwaltung von Erfurt stand damals ein Rat, dem der oberste Ratsmeister vorsaß. Die Mitglieder (Ratsverwandten) wurden immer auf fünf Jahre gewählt; jedoch nur ein Fünfteil, der regierende oder sitzende Rat, führte die laufenden Geschäfte; die übrigen, die außer dem Regiment befindlichen Räte oder schlechtweg „die Räte," wurden nur bei besonders wichtigen Gegenständen zugezogen. In der fünfjährigen Wahlperiode befand sich hiernach jedes Mitglied nach vorher bestimmter Reihenfolge ein Jahr in dem engeren, vier Jahre in dem weiteren Rate: der Wechsel führte die Bezeichnung Transitus. Das Wahlrecht stand nicht der Gemeinde, sondern dem Rate selbst zu. Dagegen wurden die Vierherren, die von ihrer Zahl den Namen führten, von der Gemeinde gewählt; dies war schließlich ihr einziger Unterschied von den Ratsherren geworden; einst nach dem Vorbilde der römischen Volkstribunen berufen, den Rat zu überwachen und die Bürgerschaft demselben gegenüber zu vertreten, hatte der Rat sie im Lauf der Zeit in sich aufgenommen und mit sich verschmolzen. Der oberste Bierherr war also gewissermaßen der Kollege des obersten Ratsmeisters und bildete mit diesem die Spitze der Verwaltung. — Wirkliche Vertreter der Bürgerschaft waren jetzt nur noch die s. g. Vormünder, die in drei Abteilungen zerfielen, je nachdem sie von den Bürgern der acht Viertel der inneren Stadt, von den Zünften oder von den Bewohnern der Vorstädte (den vor den Thoren) erwählt waren und dieselben zu vertreten hatten. Gewählt wurden sie von den Wahlverbänden (Kompanen) unter Leitung des Ober-Bierherrn. Initiative in der Gesetzgebung hatten sie eben so wenig, wie Teilnahme an der Verwaltung, vielmehr nur die Gegenstände, welche der Rat ihnen vorzulegen für gut fand, zu begutachten. Bei besonders wichtigen Angelegenheiten zog dieser sie auch wohl zu seinen Sitzungen zu. Die so gebildete Versammlung führte dann die Bezeichnung: der Rat, die Räte und die Vormünder.

Diese Organisation der Verwaltungsbehörden führte indes weniger zu den oben angedeuteten Zwistigkeiten als eine Einrichtung, die ohne gesetzliche Grundlage während des großen Krieges aus dem Bedürfnisse entsprungen war, bei den schweren Zeitläuften neben dem jährlich wechselnden Rate, das Heft der Verwaltung in die Hände von Männern zu geben, die stets mit dem Gange der Geschäfte vertraut blieben. Dies s. g. Seniorenkollegium, das aus den sechs einflußreichsten Mitgliedern aller Räte ohne Rücksicht auf den gesetzlichen Wechsel bestand, hatte fast die ganze Gewalt an sich gebracht und traf in allen Dingen die Entscheidung, die es nur der Form wegen vor die gesetzlich berufene Behörde brachte. Nicht zufrieden hiermit hatten diese Ältesten sich gewöhnt die städtischen Angelegenheiten als ihr Privatgut zu behandeln, die Vergebung der

Gemeindeämter an sich gerissen und pflegten diese mit ihren Angehörigen ohne Rücksicht auf Verdienst und Befähigung zu besetzen.

Der Seniorenkonvent gab denn auch den ersten Anlaß zu dem Ausbruch von Streitigkeiten, indem er, als 1648 das Amt des obersten Viertherrn neu zu besetzen war, auf den Antrag des obersten Ratsmeisters Heinrich Brand dessen Schwiegersohn Joh. Gerstenberger anstatt des an die Reihe kommenden Elias Balthasar von Brettin dazu berief. Der letztere, hierdurch gekränkt und überdies sogar zur Haft gebracht, wandte sich durch Vermittelung des Kurmainzischen Schultheißen Joh Dresanus, eines ebenso verschmitzten wie gewissenlosen Mannes, an den Kurfürsten von Mainz, der auch die Freilassung Brettins und seine Einführung verfügte, dabei aber auf den Widerspruch des Rates stieß. Denn dieser vertraute darauf, daß, so lange die Stadt im Besitz der Schweden war, der Kurfürst nicht wagen werde, seinen Willen mit Gewalt durchzusetzen.

Inzwischen war aber die auf Brettins Seite stehende Volkspartei, die nicht gleiche Rücksichten zu nehmen brauchte, nicht müßig geblieben. Eine Anzahl angesehener Bürger, von ihrer Zahl die Vierundzwanziger genannt, trat zusammen und verlangte am 3. Juli 1648 vom Rate die Beseitigung der in der Verwaltung eingerissenen Mißstände, insbesondere des Seniorenkollegiums. Sie wurden aber nicht nur ohne Antwort gelassen, sondern als Rebellen behandelt. Die Seele dieser Volksbewegung war der Magister Mich. Silberschlag, ursprünglich Lehrer, sodann städtischer Unterbeamter, ein ehrgeiziger und hochmütiger Mann, der jene zu seinem Privatnutzen ausbeuten zu können glaubte. Beide Teile bewarben sich um die Unterstützung der schwedischen Behörden, zuletzt des Generalissimus, des Pfalzgrafen Karl Gustav, selbst. Als dessen Entscheidung zu Ungunsten des Rats ausfiel, sah sich dieser denn doch veranlaßt, der abermals auf Brettin gefallenen Wahl zum Ober-Vierherrn für 1649 keinen Widerstand entgegen zu stellen.

Die Volkspartei begnügte sich aber hiermit nicht, sondern verlangte, daß die hergebrachte Eidesleistung nicht eher stattfinde, als bis alle ihre Forderungen erfüllt wären. Da der Rat hierauf nicht einging, so dauerte trotz aller Bemühungen der schwedischen Beamten der Hader fort. Als sich eine infolgedessen vom Rat und von der Bürgerschaft zur Entwerfung einer neuen Regimentsordnung eingesetzte Deputation gleichfalls nicht einigen konnte, kam es gar nicht zu dem gesetzlichen jährlichen Wechsel der Ratsmitglieder, vielmehr blieb der bisherige Rat über seine Zeit hinaus in der Führung der Geschäfte. Nun weigerten sich aber die Vormünder denselben ferner als rechtmäßige Obrigkeit anzuerkennen und stellten sogar die Erhebung der Accise und anderer Gemeindeabgaben eigenmächtig ab. Da auf diese Weise die ganze Verwaltungsmaschine ins Stocken geriet, so wendete sich die Volkspartei von neuem an den Kurfürsten Johann Philipp, von dem es bekannt geworden war, daß er bereits im eigenen Interesse und behufs Wiederherstellung seiner Rechte am kaiserlichen Hofe die Einsetzung einer Kommission beantragt habe, und bat denselben zu vermitteln, daß letzterer zugleich die Schlichtung der zwischen dem Rate und der Bürgerschaft obwaltenden Streitigkeiten übertragen werde.

Die Subdelegierten der vom Kaiser ernannten Kommissarien, des Bischofs Otto von Bamberg und des Herzogs Eberhard von Würtemberg, der bambergische Hofmarschall Pet. Jakob, der Kammergerichts-Generalfiskal Wern. Emmerich und der würtembergische Oberrat von Wohlwart, fanden sich im September 1649 in Erfurt ein, konnten aber, weil die damals noch dort befindliche schwedische Besatzung es ihnen anfangs nicht gestatten wollte, erst am 2. Januar 1650 die Verhandlungen mit den von beiden Teilen gewählten Deputierten eröffnen. Unter denen der Volkspartei waren die einflußreichsten Silberschlag und der Mag. Volkmar Limprecht, Rektor an der Andreasschule, der später eine so wichtige Rolle in den Erfurter Wirren gespielt hat. — Die Bemühungen Kursachsens, zu den Verhandlungen zugezogen zu werden, scheiterten an dem Mainzischen Widerspruche.

Als das wesentlichste erschien es, daß die Stadt wieder eine allgemein anerkante Obrigkeit erhalte. Die Subdelegierten veranlaßten daher die Beseitigung des Seniorenkollegiums, den Rücktritt des alten und die Wahl eines neuen Rates, in welchen, um das Einverständnis der Volkspartei zu gewinnen, Silberschlag als zweiter oberster Ratsmeister gewählt wurde. Mittelst Handgelöbnisses versprach derselbe aus der Volkspartei auszuscheiden und das Mandat als deren Deputierter niederzulegen. — Widerstand, aber mehr im Geheimen und durch annonyme Schmähschriften, erwuchs dem Einigungswerke nur von einigen persönlich an der alten Wirtschaft Beteiligten, namentlich von dem bisherigen obersten Ratsmeister Hallenhorst und dem Syndikus Geißler, die als Vertreter der Stadt auf dem westfälischen Friedenskongreß noch den von der Volkspartei geforderten Nachweis über die verausgabten großen Summen schuldig waren. Die Subdelegierten wußten sich nicht anders zu helfen, als daß sie nach eingeholter kaiserlicher Ermächtigung Hallenhorst und Geißler mit Hausarrest belegten und aus ihren Ämtern entfernten.

So gelang es jenen denn am 4. August 1650 den sog. Kompositionsreceß unter Zustimmung beider Parteien zu errichten, in welchem eine Anzahl Instruktionen über alle Zweige der Verwaltung bestätigt und über alle bisher streitig gewesenen Punkte Entscheidung getroffen wurde. Nur in betreff der Bierherrn- und Unterkämmererwahl war es nicht möglich gewesen, eine Einigung zu erreichen. Diese Angelegenheit sollte daher der kaiserlichen Entscheidung vorbehalten bleiben.

Dem schwedischen Generalissimus, Pfalzgrafen Karl Gustav, welcher den Abmarsch der schwedischen Besatzung davon abhängig gemacht hatte, daß die Streitigkeiten zwischen dem Rate und der Bürgerschaft zum Austrag gebracht wären, konnte angezeigt werden, daß nunmehr diese Vorbedingung eingetreten sei, und die Schweden verließen hierauf am 29. Aug. Erfurt.

Viel geringere Schwierigkeiten hatten die von dem Kurfürsten von Mainz gemachten Ansprüche dargeboten. Ueber diese wurde teils eine gütliche Einigung getroffen, teils eine Entscheidung von den Subdelegierten erlassen, alles dies aber in dem sog. Restitutionsrecesse vom 8./18. Juli 1650 zusammengefaßt.

Nur die Bestimmung, daß in den evangelischen Kirchen das früher übliche, seit 1631 aber fortgefallene Gebet für den Kurfürsten und das Erzstift wieder hergestellt werde, hatte hierbei erhebliche Schwierigkeiten gemacht. Sie hatte sich ursprünglich gar nicht in dem Verzeichnisse, der Forderungen das dem Rate mitgeteilt wurde, befunden, war vielmehr erst ganz zum Schlusse, unzweifelhaft von der um die Gunst des Kurfürsten buhlenden Volkspartei zur Sprache gebracht worden. Silberschlag soll es gewesen sein, der die im Nachlasse seines Vaters gefundene, früher gebrauchte Gebetsformel der mainzischen Gesandtschaft überreicht hat: selbstredend ergriff letztere die Sache mit Begierde und stellte entsprechende Anträge bei den Subdelegierten. Der Rat mußte zugestehen, daß man früher in den evangelischen Kirchen für den Kurfürsten gebetet habe; doch sei dies freiwillig geschehen, weil sich derselbe während des Krieges der Stadt angenommen habe, und auch erst seit 1626, also nach dem Normaljahre 1624, so daß dieser Gegenstand also mit der schwebenden Wiederherstellung der früheren Rechte nichts zu thun habe. Ferner mache das Kirchengebet einen Teil des Gottesdienstes aus, ein dabei ausgeübter Zwang schließe daher eine Verletzung der durch den Religionsfrieden von 1555 gewährleisteten freien Ausübung des evangelischen Bekenntnisses in sich. Endlich sei auch nach der Lehre der katholischen Kirche der ganze evangelische Gottesdienst, also auch das Kirchengebet, unkräftig; dem Kurfürsten könne also auch unmöglich an diesem etwas gelegen sein, wenn er die Abhaltung nicht in seiner Eigenschaft als Landesherr und als ein Zeichen seiner weltlichen Oberherrlichkeit beanspruche, welche Bedeutung der Sache allerdings ganz unumwunden in einer mainzischerseits herausgegebenen Schrift beigelegt werde.

Diese Protestation des Rats verlor jedoch wesentlich an Gewicht, als die Bürgerschaft in einer Eingabe an die Subdelegierten vom 5. Juni 1650 erklärte, daß sie in der Voraussetzung, daß der Stadt dadurch in ihren Freiheiten und in der Religion kein Abbruch geschehe, zur Wiedereinführung des Kirchengebets ihre Zustimmung erteilen wolle.

In Folge dessen wurde denn auch eine das Kirchengebet betreffende Bestimmung, die jedoch in verhängnißvoller Weise die Gebetsformel nicht feststellte, in den Restitutionsreceß aufgenommen; der Rat erklärte sich, um das Einigungswerk nicht

länger zu verzögern, damit einverstanden, und so verließ die
kaiserliche Kommission die Stadt, der sie ein schweres Geld ge-
kostet hatte, wieder.

Konnte so die Hoffnung, daß ein dauernder Frieden ein-
gekehrt sei, keine allzusichere sein, so bot die dem Kaiser anheim-
gestellte Entscheidung über die Vierherren und Unterkämmererwahl inzwischen neuen Zündstoff.

Johann Philipp, wenig befriedigt von dem Ausgange der
Verhandlungen, die blos die selbstverständliche Herstellung
seiner Rechte, aber nicht die von ihm mit Zuversicht erwartete
Erweiterung derselben herbeiführte, setzte alle Hebel in Bewegung, um eine für den Rat ungünstige Entscheidung herbeizuführen und erreichte es auch, daß diesem vom Kaiser am
29. Novemb. untersagt ward, irgend eine Wahl, weder die eines
Ratsherrn noch die eines Vierherrn vorzunehmen, so lange
nicht seine Entscheidung ergangen sei. Dem Rate ward hierdurch in zweifacher Beziehung Unrecht zugefügt, da über sein
Recht, die Ratsherren zu wählen, nie ein Streit obgewaltet
hatte, rücksichtlich der Vierherrnwahl aber nach dem Kom-
positionsrecesse einstweilen der status quo aufrecht erhalten
werden sollte, und dieser für den Rat sprach. Am schwersten
wurden jedoch durch jene Bestimmung die nicht im Regimente
befindlichen Räte getroffen, indem nun auch kein Ratswechsel
stattfinden konnte; sie sahen sich daher auch veranlaßt, beim
kaiserlichen Hofe dagegen vorstellig zu werden.

Daneben gerieten die städtischen Behörden über die Erhebung der indirekten Verbrauchssteuern nicht nur mit den
einheimischen Gewerbtreibenden, sondern auch mit den aus-
wärtigen Fürsten und Grafen in Zwist und die von
letzteren ergriffenen Gegenmaßnahmen verursachten eine bei den

ungenügenden Ausfalle der letzten Ernte um so empfindlichere Lebensmittelnot und Teuerung.

Die durch alles dieses entstandene Spannung der Gemüter steigerte sich um so mehr, als der Kaiser, um eine endliche Entscheidung der Wahlsache gedrängt, am 29. November 1653 erklärte, daß ihm andere dringende Geschäfte nicht gestatteten, sich mit den Angelegenheiten Erfurts zu beschäftigen, und daß es daher bis auf weiteres bei dem von ihm erlassenen Inhibitorium sein Bewenden behalten müsse.

Als die vier außer dem Regimente befindlichen Räte sich hierauf am 11. Febr. 1654 an die zu Regensburg versammelten Kurfürsten wendeten und diese um Fürsprache beim Kaiser baten, setzte es Johann Philipp in Wien durch, daß eine neue Kommission aus dem Reichshofrat von Bohn und dem Generalfiskal von Emmerich, der bereits Mitglied der ersteren gewesen war, bestellt ward. Am 9. November d. J. traf dieselbe in Erfurt ein, wo sich auch der kurmainzische Großhofmeister Freiherr von Boyneburg als Vertreter seines Herrn einfand.

. Diese vermittelten ein Abkommen dahin, daß Rat und Bürgerschaft gemeinschaftlich aus drei von der letzteren vorgeschlagenen Bewerbern sowohl die Vierherrn als den Unterkämmerer wählen sollten. Da dem Rate hierbei nur 32, der Bürgerschaft aber 52 Stimmen zugebilligt wurden, so war es ganz natürlich, daß das Amt des obersten Vierherrn dem Hauptführer der Volkspartei, Limprecht, zu teil wurde. Die Wahl der Ratsmitglieder sollte zwar dem Rate verbleiben, doch auch sie unter Zuziehung von Abgeordneten der Bürgerschaft stattfinden. So kam es, daß jetzt zum erstenmal einer der kleineren Handwerker in den Rat gelangte. In betreff der Gebetsfrage entschied die Kommission, daß es bei der Bestimmung

2

des Restitutionsrezesses sein Bewenden behalten solle. Dem hierüber am 27. Januar 1655 errichteten Rezeß wurde der Name Additionalrezeß beigelegt.

Unter allen Niederlagen, welche der Rat hierbei erlitt, war die empfindlichste, daß sein Hauptgegner Limprecht im wesentlichen an die Spitze der Verwaltung trat, da dem Ober-Vierherrn die oberste Leitung der Finanzen zustand, und er infolgedessen größeren Einfluß besaß, als der oberste Ratsmeister. Limprecht hatte bis 1650, wo er als Unterkämmerer angestellt ward, das Amt eines Schulrektors bekleidet. Der Rat mußte ihn als Eindringling ansehen, da er keinem Patriziergeschlechte angehörte. Desto größer war die Freude des Volks, das ihn wie einen Abgott verehrte, über seine Erwählung.

Limprecht war unleugbar ein Mann von außerordentlicher Begabung und hatte es namentlich verstanden, sich durch leutseliges Benehmen die Volksgunst zu erwerben; dabei entwickelte er eine große Thatkraft und viel Geschick in der Behandlung der öffentlichen Angelegenheiten. Aber alle diese guten Seiten wurden durch einen ungemessenen Ehrgeiz verdunkelt, der ihn, als er seine Stütze nicht mehr in der Volksgunst fand, antrieb in das mainzische Lager überzugehen und so die Katastrophe herbeizuführen. Dabei fehlte ihm jeder innere Halt, weshalb er auch vor keinem Mittel zurückbebte, welches ihm die Erreichung seiner ehrgeizigen Pläne verhieß. So kann es auch nicht befremden, daß er es trotz der unleugbaren Verdienste, die er sich um das Gemeinwesen von Erfurt erworben, nicht vermocht hat, sich auf die Länge in der Gunst des Volkes zu behaupten, und daß selbst seine bisherigen Genossen in der Leitung der Volkspartei, Silberschlag, Brettin u. a. m., durch sein hochfahrendes Wesen verletzt, sich bald von ihm abwendeten. Da nun noch Vorfälle bekannt geworden waren, die seine Sittlichkeit in ein sehr ungünstiges Licht stellten, so kam es, daß er bei der am 4. Dezember 1659 unter genauer Beobachtung der Bestimmungen des Rezesses vorgenommenen Vierherren-Wahl für 1660 von 60 Stimmen nicht mehr als 2 erhielt, und statt seiner Egid. Ilgen zum Ober-Vierherrn gewählt wurde. Diese Niederlage wett zu machen, begab er sich persönlich nach Mainz und verklagte die Stadt bei dem Kurfürsten, daß sie den Bestimmungen des Restitutionsrezesses nicht nachgekommen sei, namentlich das Kirchengebet für den Landesherrn nicht eingeführt habe. Er versprach dafür Sorge zu tragen, wenn man ihm wieder zu seinem Amte verhelfe, daß alle Forderungen des Erzstifts erfüllt würden.

Johann Philipp, wegen der Weigerung, eine mainzische Garnison einzunehmen, auf Erfurt aufgebracht, ging bereitwillig hierauf ein und beantragte beim kaiserlichen Hofe die nochmalige Entsendung einer kaiserlichen Kommission, um die in ihrer Unbotmäßigkeit verharrende Stadt zum Gehorsam zu zwingen. Die Stadt suchte dies zwar dadurch abzuwenden, daß sie sich zu Verhandlungen in Mainz bereit erklärte, und es kam auch wirklich zu Schwalbach, dem damaligen Aufenthaltsorte des Kurfürsten, 1660 zu einem Vergleiche, dem sog. Schwalbacher Exekutionsrezesse; die Stadtbehörden weigerten sich jedoch diesen zu genehmigen, weil nach ihrer Angabe die städtischen Deputierten ihre Vollmacht überschritten hätten.

Die kaiserliche Kommission begab sich nunmehr ungesäumt nach Erfurt. Der eine der Kommissarien, der Reichshofrat Freiherr von Schmidburg, soll zwar vorzugsweise deshalb für dies Geschäft ausersehen gewesen sein, weil er der evangelischen Kirche angehörte, aber eine Begünstigung seiner Glaubensgenossen hat er sich sicherlich nicht zu schulden kommen lassen,

2*

vielmehr gänzliche Gleichgiltigkeit in religiösen Dingen an den Tag gelegt; dazu erregte er durch sein willkürliches Verfahren und sein hochfahrendes Wesen vielfach Anstoß und hinderte schließlich, da auch seine sittliche Haltung nicht dazu angethan war Achtung und Vertrauen zu erwecken, eine gütliche Beilegung der obwaltenden Streitigkeiten mehr, als daß er sie gefördert hätte. Der zweite Kommissarius, der Generalfiskal von Emmerich, der bereits den beiden früheren kaiserlichen Kommissionen angehört hatte und daher mit den Verhältnissen bekannt war, auch das Vertrauen der Parteien besaß, wurde zunächst durch Kränklichkeit verhindert sich persönlich in Erfurt einzufinden und vermochte daher nicht dem gewaltsamen Verfahren Schmidburgs entgegen zu wirken.

Dieser begann damit, daß er Limprecht in das Ober-Vierherrenamt einsetzte und den Rat zwang, demselben Abbitte zu leisten. Ilgen, der sich selbst nach Wien begab, um eine Änderung dieses Verfahrens herbeizuführen, erlangte nicht nicht nur dort nichts, sondern wurde sogar nach seiner Rückkehr nach Erfurt in Verhaft genommen, wie es sich Limprecht überhaupt angelegen sein ließ, alle seine Gegner zu beseitigen oder zu schädigen. Um den Eintritt ihm ungünstiger Elemente in die Verwaltung zu hindern, veranlaßte er, daß bei der neuen Ratswahl, wo ihm selbstredend unter dem Einfluß der kaiserlichen Kommission wieder das Vierherrenamt zu teil ward, die Zahl der Räte von fünf auf vier beschränkt wurde, mithin überhaupt keine neuen Mitglieder in den Rat eintraten. Die, welche sich im Amte befanden, ließen sich dies natürlich gern gefallen, und die Volkspartei, welche mit einem entschiedenen Protest gegen diese willkürliche Abänderung der Verfassung auftrat, drang am kaiserlichen Hofe nicht durch, weil man dort der Vorstellung des Kurfürsten beipflichtete, daß er ebenso wie

seine Vorgänger einst die städtische Verfassung nach ihrem Er-
messen geordnet hätten, diese zu noch weiterer Förderung des
Wohles der Bürger verändern könne.

So blieb für die kaiserlichen Kommissarien nur noch die
Erledigung der Gebetsfrage. Schmidburg forderte in einer
am 14. Oktober 1660 stattfindenden Versammlung die unbedingte Annahme der entsprechenden Bestimmung des Schwalbacher Rezesses. Da aber die städtischen Deputierten erklärten, daß
sie sich bei der Wichtigkeit der Sache zunächst mit den Vormündern hierüber vernehmen müßten, so entband er den
obersten Ratsmeister sofort seiner Stelle, ließ ihn in Verhaft nehmen und befahl den übrigen Anwesenden bei 1000 Thlr.
Strafe nicht eher das Rathaus zu verlassen, als bis sie ihre
zustimmende Erklärung abgegeben hätten. Die Thüren des
Rathauses wurden, um das Fortgehen zu verhindern, verschlossen. Erst spät, als sich Limprecht mit seinen Anhängern
entfernt hatte, wurden auch die übrigen, da man nicht gut ohne
ihn verhandeln konnte, mit dem Befehle entlassen, sich zur
Fortführung der Verhandlung am nächsten Tage einzufinden.
Limprecht blieb bei dieser aber aus. Sein Wegbleiben von
den Verhandlungen, ferner dies Vorgehen gegen den obersten
Ratsmeister und der Umstand, daß sich in einer ander-
weit anberaumten Versammlung überhaupt nur 16 Personen
einfanden, dagegen 74 Ratsmitglieder und über hundert
Vormünder ausblieben, brachte eine solche Zaghaftigkeit hervor, daß jene 16, durch Drohungen eingeschüchtert, in die
Annahme des Schwalbacher Artikels willigten. In der Gebetsfrage hatte man sich zwar auf die Erklärung einer bedingten Be-
reitschaft seitens der evangelischen Geistlichkeit beschränkt, Schmidburg behandelte dies aber als ein unbedingtes Zugeständnis und
verordnete demgemäß, daß vom nächsten Sonntage ab das

Kirchengebet nach einem von ihm vorgeschriebenen und von Limprecht im Interesse des Kurfürsten entworfenen Formulare gehalten werden solle. Dies mußte aber um so mehr Bedenken
erregen, als das Gebet nach jener Formel, wovon bisher nie die
Rede gewesen, auch auf das Erzstift ausgedehnt ward. Limprecht stieß zwar, als er diese Form des Gebets zur Annahme
zu bringen suchte, auf den Widerstand der Vormünder, kehrte
sich aber hieran nicht, sondern ließ vielmehr das Protokoll
dahin abfassen, daß Rat und Vormünder in die Einführung
des Kirchengebets in der verlangten Weise gewilligt hätten;
es wurden sogar diejenigen, welche der Versammlung gar nicht
beigewohnt hatten, als zustimmend aufgeführt.

Ein um so heftigerer Widerspruch erhob sich dagegen seitens
eines großen Teiles der Bürgerschaft, insbesondere der
evangelischen Geistlichkeit, die eine Beeinträchtigung der ihnen
zugestandenen Religionsfreiheit darin zu erkennen glaubte; dieselbe erklärte, daß jene Formel keineswegs, wie man behaupten
wolle, allgemein, sondern eigentlich nur von einem einzigen
angenommen worden sei, und daß bei Abfassung des vorgeblichen
Beschlusses die größten Unregelmäßigkeiten vorgekommen wären.
Die Geistlichen wendeten sich daher, als der Kurfürst von
Mainz ihre Weigerung für ungerechtfertigt erklärte und sie mit
Strafen und Amtsentsetzung bedrohte, an den Kurfürsten
Johann Georg von Sachsen mit der Bitte um Beistand. Eine
Denkschrift, die eine hierauf nach Erfurt abgeordnete sächsische
Gesandtschaft übergab, wurde aber von Limprecht, dem Schmid-
burg sie mitteilte, unterdrückt, und von letzterem jene überhaupt
so rücksichtslos behandelt, daß sie, ohne irgend eine Antwort
erhalten zu haben, Erfurt alsbald den Rücken kehrte.

Die kaiserliche Kommission hielt nunmehr ihren Auftrag
für erledigt und verließ auch ihrerseits am 30. Januar 1661

Erfurt, nachdem fie noch der Bürgerfchaft und der Geiftlichkeit den unbedingteften Gehorfam eingefchärft, die Wiedererwählung Limprechts zum Ober - Vierherrn gefichert und der Stadt einen Aufwand von 7000 Rthlr., darunter ein Donativ von 2000 Rthlr. verurfacht hatte.

Die Spannung war fo nur gefteigert: denn man hatte der Bürgerfchaft ein Oberhaupt aufgedrängt, das fchon damals allgemein mißliebig war und im Verdachte ftand um perfönlichen Vorteils willen die Stadt an ihren Gegner verraten zu haben; die Gebetsfache aber, die man bis dahin ziemlich leidenfchaftslos behandelt hatte, war zu einer Sache des Parteikampfes und, feitdem fich die evangelifche Geiftlichkeit an die Spitze des Widerftandes geftellt hatte, Gegenftand des religiöfen Eifers geworden.

Doch ruhte diefe Angelegenheit länger als ein Jahr hindurch, da Limprecht, um fich nicht noch mehr verhaßt zu machen, die Sache nicht betrieb. Aus Freundfchaft für Limprecht fchwieg auch, fo lange diefer im Amte war, der kurmainzifche Gerichtsfchultheiß Dr. Papius, ein ebenfo gefchäftstüchtiger und gewandter als gewiffenlofer, hochfahrender und rückfichtslofer Mann, deffen maßlofe, nach allen Seiten gerichteten Übergriffe die Bürgerfchaft auf das äußerfte erbitterten und zu den Schritten hinriffen, welche fie fchließlich unter die völlige Botmäßigkeit von Mainz brachten. Limprecht fühlte wohl, daß durch fein Verhältnis zu Papius feine Stellung der Bürgerfchaft gegenüber noch verfchlechtert war, und er ließ fich daher an demfelben Tage, wo ein gefchärftes kaiferliches Paritionsmandat in der Gebetsfache erlaffen ward — 24. Febr. 1662 für feine Perfon einen Schutzbrief vom Kaifer erteilen, den er zur allgemeinen Erbitterung fo auslegte, als werde er dadurch von der gewöhnlichen Gerichtsbarkeit exzimiert und habe nur dem Reichshofrat und den kaiferlichen Kommiffarien Rede und Antwort zu ftehen.

Obwohl die sächsischen Fürsten auf die Bitten der Stadt sich für dieselbe verwendeten, setzte es doch Kurfürst Johann Philipp durch, daß am 6. Juli 1662 vom kaiserlichen Hofe wiederum ein Paritionsmandat erlassen ward, in welchem nicht bloß bei fernerer Zögerung eine Strafe sondern auch die Ergreifung weiterer Maßregeln zur Aufrechthaltung der kaiserlichen Autorität und Erzwingung des dieser gebührenden Respekts angedroht wurde.

In Erfurt war man jedoch um so weniger geneigt sich zu fügen, als neue Eingriffe Johann Philipps in die Rechte der Stadt die Erbitterung gesteigert hatten. Hallenhorst, der einst, wie oben erwähnt, als einer der Hauptgegner von Mainz von der kaiserlichen Kommission aus seinem Amte als oberster Ratsherr entfernt, und Hennig Kniphof, der auf Befehl des Kurfürsten zum gleichen Posten nicht wieder zugelassen war, hielten es für ersprießlich sich der mainzischen Partei anzuschließen, da sie an Limprechts Vorgang sahen, wie nutzbringend dies sei. Die vom Kurfürsten hierauf verfügte Wiedereinsetzung jener in ihre früheren Ämter, die wiederum das der Stadt zustehende Wahlrecht verletzte, mußte vor allem der so zum Rücktritt gezwungene Oberst-Ratsmeister Berger schwer empfinden. Ihm wie dem Syndikus Avianus wurde daher nach einer geheimen Anklage Limprechts der Widerstand des Rats ganz besonders zur Last gelegt. Eine bezügliche Eingabe an den kaiserlichen Hof hatte keinen Erfolg; es wurde sogar auf den Antrag von Kurmainz behufs Vollstreckung der angedrohten Strafe vom Kaiser eine neue Kommission bestellt, deren Mitglied wiederum Schmidburg war. Da sich nun auch von einer Vermittelung der sächsischen Fürsten kein Erfolg erwarten ließ, nachdem die Namens derselben von Seckendorf und Wex weniger im Erfurter als im eigenen Interesse gepflogenen Verhandlungen

mit Mainz an der geringen Willfährigkeit Johann Philipps
gescheitert waren, konnte man sich in der Stadt nicht länger
der Überzeugung verschließen, daß die Gefahr dringend und es
daher vor allem nötig sei, daß die innere Zwietracht beseitigt
und eine volle Einigkeit in der gesamten Bürgerschaft hergestellt
werde. Dies gelang denn auch; es wurde am 26. Nov.
ein Rezeß (der s. g. Einigkeitsrezeß) von sämtlichen Räten und
Vormündern vollzogen, der in sieben Artikeln Bestimmungen
über ein einmütiges Verfahren sowohl in allen inneren Angelegenheiten als auch Kurmainz und andern Fürsten gegenüber enthielt; alle Bürger gelobten einander treuen, un-
verbrüchlichen Beistand und verpflichteten sich gegenseitig zur
Aufbringung jeder, den Vertretern des städtischen Interesses
auferlegten Strafe. Unverkennbar richtete der Rezeß gegen
Limprecht, der daher auch die Mitvollziehung verweigerte,
mittelbar aber auch gegen die kaiserlichen Befehle und gegen
Kurmainz seine Spitze. So wurde die Sache denn auch am
kaiserlichen Hofe aufgefaßt und daher die Absendung der neuen,
der vierten Kommission so beeilt, daß die Kommissarien,
Schmidburg und der Reichshofrat von Goppold, sich ganz un-
erwartet, ohne die übliche vorherige Anzeige am 18. Dez. 1662
in Erfurt einstellten.

Die von denselben dem Rate und den Vormündern
gemachten Eröffnungen und der von ihnen mitgebrachte
kaiserliche Erlaß machten, so drohend sie auch klangen, doch
keinen sehr großen Eindruck, indem man sich darauf verließ,
daß diesmal ebensowenig wie früher Ernst gemacht werden
würde. Obenein hatten die sächsischen Fürsten die Bürgerschaft
aufgefordert, sich zu keinerlei Zugeständnissen bewegen zu lassen,
die der Stadt oder dem Hause Sachsen Schaden bringen könnten;
auch ein von einer Juristenfakultät eingeholtes Gutachten

sprach sich dahin aus, daß der Einigkeitsrezeß durchaus nichts enthalte, was gegen die Gesetze verstoße. Der Rat verharrte daher auch bei seiner Weigerung, denselben den Kommissarien auszuliefern, ebenso die evangelischen Geistlichen bei der Weigerung bezüglich des Kirchengebets. Auf Anraten einer Gesandtschaft der sächsischen Fürsten, besonders des kursächsischen Gesandten von Werthern, verstand man sich aber doch schließlich am 3. Januar 1663 zum Gehorsam. Die Schrift, in der dies erklärt ward, wurde aber von den Kommissarien nicht einmal angenommen, weil sie zugleich die Bitte enthielt, der Stadt zur Einführung des Kirchengebets Frist zu gewähren, bis auf eine dem Kaiser einzureichende Denkschrift Entscheidung eingegangen sein werde.

Wenn das Einigungswerk bisher so wenig vorgeschritten war, im Gegenteil die Stadt nunmehr anfing sich weniger fügsam zu zeigen als bisher, so lag die Schuld hieran wesentlich an Schmidburg; teils durch sein hochfahrendes Wesen, teils dadurch, daß er gar kein Hehl daraus machte, nur seinem Freunde Limprecht wieder zur Herrschaft verhelfen zu wollen, unbeliebt, erbitterte er die Gemüter nur noch mehr, indem er der Bürgerschaft die Abhaltung des Walperszuges — damals das Hauptvolksfest in Erfurt — bei harter Strafe, wenn auch ·erfolglos, untersagte. Viel geeigneter für die Versöhnung war die Persönlichkeit des zweiten Kommissarius Goppold, doch besaß derselbe zu wenig Energie, um den Anmaßungen Schmidburgs entgegen zu treten; auch begab er sich am 8. Februar in Papius Begleitung zum mündlichen Vortrag am kaiserlichen Hofe und zur Einholung weiterer Instruktionen nach Wien.

Inzwischen nahm nun zwar der Rat von der Forderung: der Erzbischof solle vor Einführung des Gebets für ihn,

Bürgschaft darüber ausstellen, daß den Rechten der Stadt und der evangelischen Kirche dadurch keine Beeinträchtigung geschehen werde, Abstand und begnügte sich mit einem Vorbehalte seinerseits. Es wurde daher auch wirklich zum erstenmale am Ostersonntage, den 19. April, das fragliche Kirchengebet von den Kanzeln der evangelischen Kirchen verlesen; doch war in die Formel eine auf das Haus Sachsen bezügliche Stelle aufgenommen, auch waren hinter „Ihro kurfürstlichen Gnaden zu Mainz" die Worte „unserem gnädigsten Herrn" fortgelassen. Da nun obenein Johann Philipp wenig damit gedient war, daß die Sache auf friedlichem Wege zum Abschluß gelangte, so trat er ihm noch mit der neuen Forderung auf, daß man sich fortan des Singens von Liedern, welche Schmähungen der katholischen Kirche enthielten, wie: „Eine feste Burg ist unser Gott," „O Herre Gott, dein göttlich Wort" u. dergl. m. gänzlich enthalten solle. Auch brachte Goppold einen Bescheid von Wien mit, in welchem alle Einwendungen des Rats zurückgewiesen wurden und unbedingte Unterwerfung gefordert, zugleich auch eine von den Ratsmitgliedern persönlich zu entrichtende Strafe von 50 Mark lötigen Silbers angedroht ward.

Der Rat, an der sächsischen Hülfe verzweifelnd und durch die Erklärung Schmidburgs, daß bereits eine Exekutionsarmee von 9000 Mann bereit stehe, um die Stadt gewaltsam zum Gehorsam zu bringen, eingeschüchtert, beschloß nun allen Widerstand aufzugeben und das Kirchengebet genau nach der 1660 vorgeschriebenen Formel halten zu lassen, und erlangte hierzu auch die Zustimmung der Vormünder und der evangelischen Geistlichen, von jenen jedoch nur unter der Bedingung der Nichtherausgabe des Einigkeitsrezesses.

Man wäre über diese und andere nicht völlig erledigte Nebendinge jetzt gewiß zu einem friedlichen Abschluß der ganzen

Angelegenheit gelangt, hätte nicht Schmidburg durch seine Halsstarrigkeit und weiteren Übergriffe neue Verwickelungen herbeigeführt. Durch einen Versuch einzelne Mitglieder der Bürgerschaft zu einem Zeugnisse zu bewegen: daß der Rat gar nicht die Absicht habe seine gegenwärtigen Versprechungen zu halten, rief er bei der großen Menge, die sich bis dahin ziemlich teilnamlos verhalten hatte, gewaltige Aufregung hervor. Da die allgemeine Meinung dahin ging, daß Limprecht es allein sei, der die gegenwärtigen Verwickelungen herbeigeführt habe, indem er zuerst, um sich die Gunst des Kurfürsten zu verschaffen, die Gebetsfrage aufgebracht hätte, so verlangte man, daß sich dieser hierüber verantworte. Limprecht entzog sich jedoch unter allerhand nichtigen Vorwänden der Gestellung und flüchtete, als man Miene machte, sein Erscheinen zu erzwingen, in die Wohnung der Kommissarien. Ein wohl zweitausend Menschen starker, mit Äxten und Hauen bewaffneter Haufe, zog ihm, als man dies erfuhr, dorthin nach und forderte mit Ungestüm seine Auslieferung. Nur durch das Versprechen, ihn auf das Rathaus zu gestellen, konnten die für ihre eigne Sicherheit besorgten Kommissarien die Menge beschwichtigen. Bei der hierauf am 5. Juni auf dem Rathause abgehaltenen Versammlung hatte sich eine große Zahl Bürger eingefunden, die um so erbitterter gegen Limprecht war, als derselbe ihrer Ansicht nach sich nicht nur nicht hinreichend gegen die wider ihn erhobenen Beschuldigungen zu rechtfertigen vermochte, sondern auch versprochen habe: daß, sobald nur das Kirchengebet erst eingeführt sei, den Papisten eine evangelische Kirche, zwei Thore und die Cyriaxburg eingeräumt werden sollten. Als Limprecht mit den übrigen das Rathaus verlassen wollte, griffen sie ihn thätlich an und, um ihn vor weiteren Mißhandlungen zu bewahren, blieb dem Rate nichts übrig, als ihn in einem besonderen

Zimmer bewachen zu lassen und dem Hausen das Versprechen zu geben, daß Limprecht nicht eher wieder entlassen werden solle, als bis seine Sache im Rechtswege zum Abschluß gelangt sei.

Schmidburg, Limprechts Freilassung vergeblich fordernd, verließ hierauf alsbald, aus Besorgnis für sich selbst heimlich Erfurt und begab sich vorläufig nach Arnstadt, während Goppold schon vorher nach Königshofen gegangen war, um dem sich dort aufhaltenden Kurfürsten mündlich Bericht zu erstatten. Ebenso entwichen Dr. Papius und andere Anhänger des Erzstifts, bei der immer zunehmenden Aufregung in der Bürgerschaft für ihr Leben fürchtend, heimlich aus der Stadt. Als dies bekannt ward und sich das Gerücht verbreitete, Papius lasse es sich angelegen sein die Ergreifung schärferer Maßregeln in Wien durchzusetzen, begannen die Volksleidenschaften alle Schranken zu durchbrechen. In der Nacht vom 14. zum 15. Juni griffen Pöbelhaufen die katholischen Stifter und die denselben gehörenden Häuser an und drangen gewaltsam in das Rathaus ein, um ihnen genehme Beschlüsse zu erzwingen. Der oberste Ratsmeister Hallenhorst wurde in Verhaft genommen, Limprecht strenger als bisher verwahrt und das peinliche Verfahren gegen ihn eröffnet, obwohl von Wien am 1. August dem Rate bei einer Strafe von 100 Mark löt. Silbers anbefohlen ward, jede Maßnahme gegen denselben einzustellen und ihn sofort in Freiheit zu setzen. Der Rat war auch geneigt, sich nunmehr in allem zu fügen, und zwar um so mehr, als man sächsischer Seits auf die Erfolglosigkeit jedes weiteren Widerstandes nachdrücklich aufmerksam gemacht hatte; er wies daher am 14. August die Bürgerschaft an, sich nunmehr der Einführung des Kirchengebets nach der vorgeschriebenen Formel zu fügen, stieß hierbei aber, obwohl die evangelische Geistlichkeit ihre Zustimmung erklärte, nicht nur auf den Widerstand des Pöbels, sondern selbst den der Vor- münder. Es kam soweit, daß die Bürger eigenmächtig ein Fähnlein zur Wache auf das Rathaus setzten und die evan- gelischen Kirchen schlossen, um so die Abhaltung des Kirchen- gebets unmöglich zu machen. Noch höher schwollen die Wogen des Aufruhrs, als der Rat am 11. September eine neue ge- schärfte Verordnung erließ, in welcher er alle, die jetzt wider- strebten, für weitere der Stadt aus dem Ungehorsam erwachsende Folgen persönlich verantwortlich machte. Insbesondere wendete sich die Wut des Volkes gegen den obersten Ratsmeister Berger und den Syndikus Avianus, denen man umgekehrt nun die jetzige Nachgiebigkeit des Rates zur Last legte. Es wurden sogar Stimmen laut, die ihren Tod verlangten.

Als Berger und Avianus so erkannten, daß es nicht mehr möglich sei, mit den gewöhnlichen Mitteln Herr des Aufruhrs zu werden, beschlossen sie in den Stadtdörfern Mannschaften zu sammeln, sich der die Stadt beherrschenden Cyriaxburg und eines Teiles der Stadtwälle zu bemächtigen und, nach der Be- wältigung des Widerstandes, das Kirchengebet einzuführen. Sie brachten auch in den Bergdörfern einen Haufen von mehr als tausend Menschen zusammen und versahen dieselben mit Waffen. Ihr Plan wurde aber dadurch vereitelt, daß die Bauern zu ihrer Ausrüstung und zum Marsche nach Erfurt zu viel Zeit brauchten, und der Tag bereits angebrochen war, als sie das Krämpferthor erreichten und die von der Thor- wache alarmierte Bürgerschaft, nachdem sie sich in dem gewaltsam erbrochenen Zeughause mit Waffen versehen, jenen in der Be- setzung der Wälle zuvorkam; unverrichteter Sache kehrten die Angreifer in ihre Heimat zurück. Dasselbe that die Schar, die sich der Burg bemächtigen sollte, auf die einfache Verweigerung

des Eintritts hin. Berger und Avianus, von denen es bald
bekannt wurde, daß der ebenso unbesonnen unternommene als
ungeschickt ausgeführte Anschlag von ihnen ausgegangen war,
retteten sich zwar durch die Flucht, doch ward des ersteren Haus
vom Pöbel zerstört. Auch der Obervierherr Fischer, dem man
seine große Vertrautheit mit Berger zum Vorwurfe machte,
verließ aus Sorge für seine Sicherheit seine Wohnung nicht
mehr und erschien nicht mehr auf dem Rathause, so daß
die städtische Verwaltung für den Augenblick ohne jedes Haupt
war und fast völlig ins Stocken geriet.

Zwei kaiserliche Notare, die sich gerade in dieser Zeit im
Auftrage der kaiserlichen Kommissarien in Erfurt einfanden, um
einen geschärften Befehl von Wien mit Androhung der Reichsacht und Entziehung aller Privilegien dem Rate zu behändigen,
mußten nicht nur unverrichteter Sache zurückkehren, sondern
wurden sogar von zusammengelaufenem Gesindel bedroht und
beschimpft, und endlich unter nichtigem Vorwande vorüber-
gehend verhaftet.

Der Rat suchte das Geschehene zu entschuldigen. Er
wäre vollkommen bereit alle an die Stadt gestellten Forderungen zu erfüllen, doch sei es ihm in der Kürze der
Zeit noch nicht möglich gewesen den von den Bürgern
entgegengesetzten Widerstand vollständig zu brechen. Er
hoffe, daß ihm dies nunmehr sicher gelingen werde, nachdem die von den Kommissarien Begünstigten, Kniphof als
oberster Ratsherr und Casp. Geislein als Obervierherr, an die
Spitze der Verwaltung getreten seien, und der Rat die Zügel
des Regiments wieder in seine Hand genommen habe.

Hiernach schien einer friedlichen Lösung kein Hindernis
mehr entgegen zu stehen und selbst die kaiserlichen Kommissarien
zeigten sich geneigt die Sache so aufzufassen. Damit war jedoch

dem Kurfürsten Johann Philipp nicht gedient: seinen Plänen gemäß wollte er es unter allen Umständen bis zu einer Besetzung mit gewaffneter Hand bringen. Infolge seines Widerspruchs sahen sich die Kommissarien genötigt, dem ihnen bereits beigegebenen Reichsherold Libl von Schwanau am 7. Oktob. den Auftrag zu erteilen, sich nach Erfurt zu begeben, um dort die Verhängung der Reichsacht zu verkünden.

So war denn der Würfel gefallen. Allerdings ist es immer noch zweifelhaft, ob der Rat auch beim besten Willen im Stande gewesen sein würde, seine Versprechungen zu erfüllen. Selbst wenn ein kraftvoller Mann an der Spitze der Verwaltung gestanden hätte, würde es demselben schwer geworden sein dem einmal außer Rand und Band geratenen Pöbel die Zügel wieder anzulegen. Kniphofs starke Seite war aber bei allen seinen sonstigen guten Eigenschaften die Energie nicht gerade; auch hatte er infolge seines Anschlusses an Mainz und seiner Begünstigung durch die kaiserlichen Kommissarien sehr wesentlich die Zuneigung und das Vertrauen der Bürgerschaft eingebüßt. Obenein zeigten sich die Vormünder durchaus nicht, noch weniger aber die Bürger geneigt dem Rate in allem, wozu derselbe sich den Kommissarien gegenüber verpflichtet hatte, zu folgen. Das gemeine Volk, zu dessen Führer sich ein Mann niederen Standes, der Nagelschmied Halbreuter, aufwarf, hielt sogar den Rat so lange auf dem Rathause fest, bis derselbe sich seinem Verlangen im Betreff des Verfahrens gegen Limprecht fügte. Auch hatte man infolge einer von dem Herzoge von Sachsen-Altenburg den städtischen Abgeordneten erteilten Antwort neue Hoffnung auf eine sächsische Vermittelung gesetzt und die Androhung der Achtserklärung sehr leicht genommen, so daß, als der kaiserliche

Herold am 28. September am Stadtthore eintraf, vom Rate nicht die mindeste Vorkehrung zur Aufrechterhaltung der Ruhe getroffen war. So kam es denn, daß derselbe zunächst gar nicht in die Stadt eingelassen ward; und als sich nach drittehalbstündigem Warten endlich einige Ratsmitglieder vor dem Thore einstellten, um seine Aufträge entgegen zu nehmen, erklärte er nach weiterem stundenlangem erfolglosem Verhandeln mit denselben, daß ihm nun nichts übrig bleibe, als die Achtserklärung zu bewirken. Als das Volk dies vernahm, warf es ihn und seine Begleiter von den Pferden, zerriß seine Amtstracht und mißhandelte ihn so arg, daß er aus mehreren Wunden blutete und nur durch das Einschreiten eines Offiziers und eines Korporals der Stadtmiliz am Leben erhalten ward. Lidl von Schwanau ward infolge dessen in das Schießhaus vor dem Johannisthore gebracht; die ihm dort zum Schutze beigegebene Wache vermochte es aber nicht zu hindern, daß ihn ein Volkshaufe unter Bedrohung seines Lebens zwang, eine Erklärung auszustellen, nach welcher er sich davon überzeugt hätte, daß lediglich das Verfahren Schmidburgs und die von diesem erstatteten wahrheitswidrigen Berichte den Anlaß zur Achtserklärung gegeben, er selbst aber bei deren Verkündigung alle Ehre und Höflichkeit von Seiten des Rats und der Bürger erfahren habe. Dessen ungeachtet ward er noch nicht in Freiheit gesetzt, und es gelang ihm erst, während die vom Volke zurückgelassenen Wächter noch schliefen, mit Hilfe einiger zu seinem Schutze vom Obervierherrn und Stadtmajor beorderter Bürger unter dem Schutze der Nacht heimlich zu entweichen.

Der ganze Verlauf dieser Angelegenheit beweist, daß die Wohlgesinnten in Erfurt das Äußerste von der Stadt abzuwenden wünschten und sich dem kaiserlichen Gebote zu fügen bereit waren. Allein sie besaßen dem großen Haufen gegen-

34

über keine Macht, da sich alle Bande des Gehorsams gelöst
hatten, der Pöbel sich im vollen Besitze der Gewalt befand,
und der damalige Rat nicht einmal so viel Energie besaß,
um auch nur einen ernstlichen Versuch zu machen, sein Ansehen wieder herzustellen und seinen Anordnungen Nachdruck
zu geben. Als es bekannt ward, daß die Achtserklärung
in benachbarten Orten bereits öffentlich angeschlagen sei, und
die Absendung von Truppen zu ihrer Vollziehung nahe bevor-
stehe, trat erst recht volle Zuchtlosigkeit ein; da es nun doch
jedenfalls zum Äußersten kommen werde, hielt man es für
gleichgiltig, ob das Maß etwas mehr oder minder voll sei.
Die städtischen Beamten, welche für des Volkes Gegner galten,
wurden ins Gefängnis geworfen, ruhige Bürger auf öffent-
licher Straße angefallen und beraubt, die Accise auf Lebens-
mittel eigenmächtig abgeschafft. Jede öffentliche Sicherheit hörte
auf. Ein Bürger, Nic. Schlenstein, bildete auf eigene Faust
meist aus losem Gesindel eine Schar, die sog. schwarze Rotte,
ließ sich von derselben zum Major machen und suchte mit ihr
den Rat zu zwingen, die vom Volke gefaßten Beschlüsse zur
Ausführung zu bringen.

Inzwischen erschien, nachdem sich der Kurfürst von Mainz
infolge des gegen den Herold verübten Angriffes vom Kaiser
den Auftrag hatte erteilen lassen, die Acht zu vollstrecken, am
7. November 1663 ein mainzisches, aus 400 Reitern und
1200 Mann Fußvolk bestehendes Korps vor den Thoren der
Stadt. Dasselbe beschränkte sich aber darauf, einen auf der
unter sächsischem Schutze stehenden Landstraße ruhig seines
Weges fahrenden Fuhrmann zu erschießen und sich seines
Wagens zu bemächtigen, so wie das auf der Weide befindliche
Vieh fortzutreiben. Dann ergriffen sie zwei bei einem Scheunen-

bau in Gispersleben beschäftigte Zimmergesellen, vorgeblich, weil sie Spione sein könnten, rösteten sie, um Geständnisse von ihnen zu erpressen, am Feuer und hängten sie schließlich an einem von der Stadt aus sichtbaren Orte auf. Die Truppen zogen sich aber, sobald ihnen von den Wällen einige Kugeln entgegengeschickt wurden, schleunigst wieder zurück; und als am 8. November Schlenstein mit etwa 300 Mann, meist Handwerkern und jungen Burschen, und vier Feldstücken einen Ausfall machte, ergriff das gesamte mainzische Heer sofort die Flucht und löste sich sodann vollständig auf, da namentlich die Eichsfelder einzeln in ihre Heimatsdörfer liefen. Als die vom Ausfall zurückkehrende Schar die beiden Leichen mit sich in die Stadt führte, entstand beim Volke eine solche Wut, daß das Haus des obersten Vierherrn Fischer erstürmt und verwüstet ward, und derselbe nur durch schleunige Flucht sein Leben retten konnte. Hallenhorst und Limprecht wurden aus ihren Gefängnissen gerissen, zu den beiden Gehenkten geführt, mit Fäusten und Flintenkolben blutig geschlagen und mit gleichem Tode bedroht; nur durch einige Besonnenere wurde die sofortige Ausführung dieser Drohung verhindert. Ein Haufe, der sich in dem erbrochenen Zeughause mit Waffen versehen hatte, stürmte zur Wohnung des obersten Ratsmeisters Kniphof, von welchem Limprecht in seiner Todesangst ausgesagt hatte, daß er die meiste Schuld trage. Als Kniphof aus der Thüre trat, um die Unruhestifter zu beschwichtigen, streckte ihn ein Schuß tot nieder. Sein Haus wurde erstürmt, der in den Kellern gefundene Wein ausgetrunken. Ein gleiches geschah in der Curie des Weihbischofs von Gudenus und in den Häusern anderer katholischer Geistlicher. Die Ratsherren Juch und Örting wurden aus ihren Wohnungen geholt, blutig geschlagen und in die

Temnitz, ein schreckliches, für die schwersten Verbrecher bestimmtes Gefängnis, geworfen. Auch die Häuser vieler anderer Ratsherren wurden gestürmt und verwüstet; diese selbst entgingen nur durch schleunige Flucht dem ihnen drohenden Tode. Mit dem Holze der eingerissenen Lusthäuser unterhielt man während der Nacht die Wachtfeuer.

Erst am folgenden Morgen trat einige Ernüchterung ein. Der bessere Teil der Bürgerschaft that sich zusammen, bildete einen Sicherheitsverein und verhinderte durch stete Patrouillen jedes fernere Zusammenrotten. So wurde denn auch ein Haufen von Augustthorern,*) der das Neuwerkskloster stürmen wollte, durch Schlensteins Dazwischentreten an der Ausführung gehindert.

Mit dem größten Ungestüm drang nun aber das Volk darauf, daß das peinliche Verfahren gegen Limprecht zum Abschluß gelange. Dies geschah denn auch. Nachdem sich derselbe unter der Tortur alles dessen, was man ihm vorwarf, schuldig erklärt, wurde er am 19. November zum Tode verurteilt und am folgenden Tage auf einem vor dem Rathause errichteten Schaffote enthauptet. Der Kopf, der erst auf den dritten Hieb fiel, wurde dann auf einen an der Steinbrüstung des Ganges über der Kämmerei angebrachten langen Nagel gesteckt und erst nach wiederhergestellter Ruhe zu dem Rumpfe gelegt. Nach der Einnahme der Stadt ließ der Kurfürst Limprechts Körper eine feierliche und ehrenvolle Beisetzung in der Kaufmannskirche zu teil werden.

Es kann kaum einem Zweifel unterliegen, daß Limprechts Hinrichtung ein Justizmord war. Freilich hatte sich derselbe bei

---

*) Bewohner des Augustthorviertels, das nicht mit Unrecht den Namen des schwarzen Viertels führte, da seine Bewohner das Hauptkontingent zu jedem Tumulte lieferten.

allen seinen Handlungen nur durch seinen Ehrgeiz leiten lassen und stets selbstsüchtige Zwecke verfolgt, auch um diese zu erreichen, stets da, wo sich ihm die meiste Aussicht hierzu bot, seine Stütze gesucht, zuerst bei den Volksmassen, dann, als diese sich von ihm abzuwenden begannen, bei Mainz. Demungeachtet ist es jedoch ebenso gewiß, daß ihm, selbst wenn man davon absieht, daß seine Geständnisse nur durch die Folter erzwungen waren, kein in den Gesetzen mit dem Tode bedrohtes Verbrechen zur Last fiel: nur bei der Herrschaft der Parteileidenschaften und dem Mangel an Mut auf Seiten der Richter dem Drängen des Pöbels zu widerstehen, konnte ein solches Urteil gefällt und vollstreckt werden.

Nachdem das Volk so seinen Willen durchgesetzt hatte, beschwichtigten sich wenigstens für den Augenblick in etwas die Wogen des Aufstandes. Insbesondere ließ sich der Schloßratsmeister Georg Heinrich Ludolf, einer der wenigen Patrizier, welche sich unbedingten Vertrauens bei der Bürgerschaft erfreuten, die Wiederherstellung der Ruhe und öffentlichen Sicherheit mit Eifer und nicht ohne Erfolg angelegen sein.

Diejenigen, welche bei dem Angriffe gegen den kaiserlichen Herold und an den anderen Unruhen besonders beteiligt gewesen waren, sogar Silberschlag und Schlenstein, wurden in Haft genommen und gegen beide ein peinliches Verfahren eingeleitet, ferner die Anerkennung des neuen Rates durchgesetzt, so daß sich schließlich auch die bis dahin widerspenstigen Vorstädter, selbst die Augustthorer, dazu verstanden, demselben die Huldigung zu leisten. Es ergiebt sich hieraus, daß, wenn der Rat den kaiserlichen Kommissarien gegenüber die Unmöglichkeit, den widerspenstigen Pöbel zum Gehorsam zu bringen, vorschützte, diese Unmöglichkeit lediglich in dem Mangel eigner Energie ihren Grund gehabt hat.

Volle Einigkeit aller Parteien war also dringender als je geboten, da sich immer mehr herausstellte, daß auf sächsische Hülfe nicht zu rechnen sei. Es war dem Kurfürsten Johann Philipp sogar gelungen, durch seinen Abgesandten, den Domkapitular Freiherrn von Reiffenberg, einen ebenso gewandten als gewissenlosen Diplomaten, den Kurfürsten Johann Georg von Sachsen ganz auf seine Seite zu ziehen Dieser, vornehmlich durch die Aussicht auf ein Bündnis mit Ludwig XIV. von Frankreich und auf französische Subsidien gewonnen, verpflichtete sich in einem am 20./30. November 1663 zu Torgau abgeschlossenen Vertrage, Kurmainz, sobald es mit der Achtsvollstreckung beauftragt sei, Hilfe zu leisten, wogegen dies versprach, Kursachsen dazu zu verhelfen, daß ein Teil des Erfurter Gebietes, insbesondere die sächsischen Lehnsdörfer, in seinen vollen Besitz gelange. Reiffenberg erreichte es sogar, daß er unter Beibehaltung seiner Stellung im mainzischen Dienste und unter Fortdauer der von Frankreich im Geheimen gewährten Besoldung unter der Hand als sächsischer Staatsratspräsident für die den ordentlichen Ministern entzogenen mainzischen und französischen Angelegenheiten mit dem unverhältnismäßig hohen Gehalte von 16000 Rth. angestellt ward. Die Präliminarien zu einem geheimen Bündnisse zwischen Frankreich und Kursachsen wurden auch wirklich 1664 zu Regensburg abgeschlossen.

Weniger treulos als Kurfürst Johann Georg handelten zwar die übrigen sächsischen Fürsten, doch beschränkten auch sie sich darauf die Stadt zu ermahnen, sich in allem zu fügen, und dem Abgeordneten des Herzogs Moritz von Sachsen-Zeitz, Kanzler Menius, gelang es auch wirklich, die allgemeine An-

nahme des Kirchengebets nach der vorgeschriebenen Formel durchzusetzen. Eine Bitte bei der Königin-Regentin von Schweden
Hedwig Eleonore hatte gleichfalls keine andere Wirkung, als
daß diese ohne allen Erfolg den Kurfürsten von Mainz aufforderte sich aller gewaltsamen Maßregeln zu enthalten und
seinen Zwist mit Erfurt durch eine Entscheidung des Reichs-
kammergerichts oder durch ein gütliches Abkommen zum Aus-
trage zu bringen. Auch an die Reichsstände zu Regensburg
wendete sich die Stadt und bat dieselben, da man bereit sei,
sich nicht nur in der Gebetsfrage, sondern auch in betreff aller
übrigen Forderungen des Kurfürsten von Mainz, so sehr dieselben auch meist dem bisherigen Rechte widersprächen, zu
fügen, bei diesem und beim Kaiser Fürbitte dahin einzulegen,
daß der Stadt „allerunterthänigste Submission und Deprecation
in kaiserlicher und kurfürstlicher Milde und Gnade aufgenommen
und die Acht wiederum aufgehoben werde." Der Reichstag
nahm auch auf Andringen des kurbrandenburgischen Gesandten
die Sache auf, die Verhandlungen nahmen aber, besonders
in Folge von Umtrieben des kursächsischen Abgeordneten, einen
so schleppenden Verlauf, daß sie noch nicht zum Abschluß gelangt
waren, als schon die Katastrophe eintrat.

Um so energischer betrieb Kurfürst Johann Philipp die
Angelegenheit. Nachdem er durch den ersten mißglückten Versuch die Überzeugung gewonnen hatte, daß er allein mit seinen
Kräften die Stadt zu unterwerfen nicht im Stande sei, suchte
und fand er Hilfe bei den anderen geistlichen Kurfürsten, dem
kriegslustigen Bischof von Münster, Bernhard von Galen,
ferner bei dem Herzoge von Lothringen, insbesondere aber
bei König Ludwig XIV., mit dem Johann Philipp, seit derselbe dem von ihm gestifteten niederrheinischen Bunde beige-
treten war, im Bündnisse stand. Die schweren Bedenken, die

man anfangs in Wien gegen eine französische Einmischung in eine innere Angelegenheit Deutschlands hatte, gelang es Johann Philipp ohne große Mühe zu beseitigen. Auch waren in Folge des Türkenkriegs der Kaiser selbst wie die weltlichen Reichsstände nicht in der Lage, ihrerseits die Achtsvollstreckung auszuführen. Ludwig XIV., dem diese Gelegenheit, bei einem inneren Zwiste Deutschlands seine Hand im Spiele zu haben, sehr willkommen war, und bei welchem obenein Reiffenberg den Glauben erweckt hatte, daß es möglich sein werde, nicht nur die Stadt Erfurt, sondern auch den Kurfürsten von Sachsen für die katholische Kirche zu gewinnen, ließ sogleich ein Hilfskorps von 4000 Mann zu Fuß und 2000 Reitern unter dem Befehle des Generals Pradel an den Rhein rücken. Die zu Regensburg versammelten Reichsstände erhoben zwar, sobald sie hiervon Kunde erhielten, insbesondere auf Antrieb des sachsen-weimarischen Gesandten Dr. Wey am 31. August und 26. September 1664 sowohl bei dem kaiserlichen Hofe als bei dem französischen Gesandten Gavelle energischen, aber vergeblichen Einspruch.

Die französischen Truppen überschritten, nachdem der Bischof von Speier in den Durchzug durch sein Land gewilligt hatte, den Rhein zwischen Speier und Philippsburg, die lothringischen, von dem Prinzen von Vaudemont geführt, auf einer bei Mainz geschlagenen Schiffbrücke. Die kurkölnischen, trierischen und münsterischen Hilfsvölker zogen durch Hessen heran. Das ganze gegen Erfurt in Bewegung gesetzte Heer war gleich von Anfang 15000 Mann stark. Zum Oberbefehlshaber über die mainzischen und würzburgischen Truppen sowie über die der deutschen Verbündeten wurde der Generalwachtmeister von Sommerfeld bestellt; als kurfürstliche Kommissare waren demselben teils wegen der Verhandlungen über die Durchmärsche durch fremde Gebiete, teils für die Verpflegung der Armee der Freiherr von Reiffenberg und der Kriegspräsident Vollrat von Greiffenklau beigegeben; Johann Philipp selbst begab sich, um dem Schauplatze der Ereignisse möglichst nahe zu sein, nach der hart an der Grenze Thüringens gelegenen würzburgischen Feste Königshofen.

Die Landgräfin von Hessen Hedwig Sophie sowie die Herzöge Ernst von Gotha und Johann Ernst von Weimar verweigerten zwar anfangs den Durchzug durch ihr Land, es gelang aber den Abgeordneten des Kurfürsten sie zum Nachgeben zu bewegen. Ebenso beschränkten sich die 1500 Reuter, welche der Kurfürst von Sachsen angeblich zum Schutze der Stadt in deren Gebiet rücken ließ, darauf, Kantonierungen zu beziehen. Sie hausten darin nicht wie Beschützer, sondern wie Eroberer, hinderten die Bauern unter allerlei Vorwänden der Stadt zu Hilfe zu kommen und räumten später, als die mainzischen Truppen vor Erfurt anlangten, denselben zum teil ihre Quartiere ein, wie denn auch der Kurfürst von Sachsen in der That sein Corps unter Reiffenbergs Oberbefehl gestellt hatte.

In Erfurt hatte man sich bisher mit der Hoffnung getragen, Johann Philipp werde nach dem ersten so kläglich verlaufenen Versuche, die Stadt mit Waffengewalt zu gewinnen, keinen zweiten wagen; doch jetzt überzeugte man sich vom Ernste der Lage. Es wurden daher schleunigst alle Vorbereitungen für eine Verteidigung getroffen, die Wälle mit Schanzkörben und Pallisaden versehen, Batterien aufgeführt und mit Feldstücken besetzt, vor dem Petersberge ein Bollwerk errichtet, die Cyriaxburg mit Munition, Proviant und einer Besetzung versorgt, und die Festungsgräben angestaut. Die Mannschaften in den Stadtdörfern wurden gemustert und die zum Kriegshandwerk tauglichen ausgesucht. Zwei aus denselben gebildete Kompagnien, eine zu Fuß, die andere zu Pferde, wurden in die Stadt gelegt, um zugleich mit den zehn Bürgerkompagnieen sich deren Bewachung zu unterziehen. Die Rittmeister Rauch und Krebs wurden in Dienst genommen. Eine besondere Kompagnie bildeten die Studenten, die den kürzlich aus dem venetianischen Kriege heimgekehrten tapferen Hauptmann Joach. Gabler zu ihrem Kapitän wählten. Sie übernahmen während der Belagerung die Verteidigung des am meisten gefährdeten Postens, des sog. Totenkopfes hinter dem Petersklofter.

Am 7. September 1664, an demselben Tage, wo der Kurfürst Johann Philipp den Rat von den seinerseits zur Vollstreckung der verhängten Reichsacht ergriffenen Maßregeln in Kenntnis setzte und, obwohl erfolglos, zur unbedingten Übergabe aufforderte, traf der Generalwachtmeister von Sommerfeld mit seinen Truppen zu Gräfentonna ein und ließ 600 Mann Kavallerie gegen Erfurt vorgehen, die sich zunächst der im Johannes- und Andreasfelde weidenden Herden bemächtigten, und, als ihnen bei einem Versuche, sich den Thoren zu nähern, einige Kanonenkugeln entgegen geschickt wurden, schleunigst die Flucht ergriffen. Am folgenden Morgen bezog die Reichsarmee ein Lager zwischen Marbach und Gispersleben. Die in der Nähe liegenden Dörfer Tiefthal, Marbach, Salomonsborn und Schwerborn wurden zerstört, so daß die Bewohner sie verlassen mußten und meist in die Stadt flüchteten. Die eingerissenen Häuser wurden zum Bau von Baracken verwendet.

Städtischerseits versuchte man zwar mit Sommerfeld wegen Ergebung Verhandlungen anzuknüpfen, doch erschienen die von diesem gestellten Bedingungen unannehmbar. Auch lächelte das Glück anfangs sichtbar den Belagerten; einige von ihnen unternommenen Streifzüge fielen günstig aus; es gelang sogar, bei Tonna einen vom Eichsfelde kommenden Transport fortzunehmen. Am 12. September rückte zwar das ganze Belagerungskorps vor die Stadtthore und die Burg, da es aber mit einer starken Kanonade empfangen wurde, zog es sich nach Verlust von 10 Toten und vielen Verwundeten wieder zurück. Nachdem ein am folgenden Tage unternommener Versuch, sich der Stadt zu nähern, einen ebenso geringen Erfolg gehabt hatte, beschloß Sommerfeld eine regelrechte Belagerung einzuleiten. Es wurden deshalb am 14. die Laufgräben eröffnet, sowie dem Moritzdamme gegenüber einige Batterien errichtet, alle diese Arbeiten aber von den Belagerten bei einem Ausfalle am 15. wieder zerstört, dem Feinde ein Verlust von 13 Toten und vielen Verwundeten zugefügt, eine große Anzahl Gefangener gemacht und darunter der Befehlshaber des Pionierkorps und Schwager des Kommandierenden, welcher letztere selbst nur mit knapper Not einem gleichen Schicksale entging. Dazu brach im Lager des Belagerungsheeres die rote Ruhr aus und begann die Desertion einzureißen; unter andern liefen binnen vierzehn Tagen 400 Mann, meist Eichsfelder, davon, weil sie angeblich nicht Lust hatten, sich vor Erfurt, das keineswegs, wie man ihnen vorgeredet, ein bloßes Dorf sei, totschießen zu lassen.

Diese günstigen Erfolge hatten aber den Nachteil, daß die Spannkraft der Verteidiger, die ja sämtlich keine Berufssoldaten waren und sich durchaus nicht an Mannszucht gewöhnen konnten, erheblich nachzulassen begann. Da sich nun obendrein die Nachricht verbreitete, daß sich die sächsischen Fürsten endlich aufzuraffen anfingen und dem Kurfürsten von Mainz erklärt hätten, daß sie, wenn er noch ferner in seiner Hartnäckigkeit beharre, Gewalt der Gewalt entgegen zu stellen entschlossen wären, so gestattete man dem Feinde ruhig, die beim Ausfalle zerstörten Werke wieder herzustellen, hinderte ihn auch nicht, sich immer mehr der Stadt zu nähern, und wies sogar die Konstabler an, nicht eher auf ihn zu feuern, als bis er selbst zu schießen beginne.

Dagegen erhielt inzwischen das Belagerungsheer bedeutende Verstärkungen. Am 17. September trafen die fränkischen Hilfsvölker auf der Südseite der Stadt ein und beschossen dieselben aus einem dort errichteten verschanzten Lager. Neben ihnen nahmen auch die am 19. angelangten französischen und lothringischen Truppen Stellung.

Nachdem sich am 20. die Approchen den Festungswerken erheblich genähert hatten, wurde mit Beschießung der Stadt ein ernstlicher Anfang gemacht, insbesondere gegen sie von der vor dem Moritzdamme errichteten Batterie ein heftiges Feuer eröffnet. Dasselbe wurde aber von den Batterien an der Annenkapelle und am Andreasthore so kräftig erwidert, daß die feindlichen Schanzen gänzlich zerstört wurden und deren Besatzung ihr Heil in eiliger Flucht suchte. Ebenso ergaben einige von den Rittmeistern Rauch und Krebs unternommen Streifzüge reiche Beute. Auch ein heftiges Bombardement am 24., durch das die Ankunft einer Verstärkung von 2000 Franzosen bei der Belagerungsarmee gefeiert werden sollte, richtete fast gar keinen Schaden in der Stadt an; während des Gottesdienstes fiel eine Kugel in die Predigerkirche, ohne daß der Geistliche sich in seiner Predigt hätte unterbrechen lassen.

Die Zuversichtlichkeit der Bürger ging so weit, daß die Wälle stets mit Neugierigen bedeckt waren, und die Bürger sogar wieder anfingen außerhalb der Thore, trotz des oft heftigen feindlichen Feuers auf sie, ihren gewohnten Geschäften nachzugehn. Als am 1. Oktober die feindliche Reiterei über 100 Bürger, die

vor dem Schmidstedter Thore Kraut und Rüben ausgruben,
angriff, wurde sie von den Kanonen auf dem Walle mit erheb-
lichem Verluste zurückgetrieben.

Durch all diese Vorfälle gewitzigt, beschlossen endlich die
feindlichen Generale, die äußersten Anstrengungen zu machen;
es erschien mehr und mehr notwendig, vor Eintritt des Winters zum Abschluß zu gelangen, indem es voraussichtlich große
Schwierigkeiten machen mußte, in einer bereits ausgesogenen
Gegend, die obenein nicht einmal als feindliches Land behandelt werden sollte, eine so bedeutende Truppenzahl zu ver-
pflegen.

Es wurde daher die dem Andreasthore gegenüber auf
dem Abhange der Weinberge angelegte Schanze vergrößert, und
als aus derselben am 2. Oktober aus 19 Geschützen gegen
900 Schüsse gethan wurden, sahen die Belagerten sich genötigt,
die Batterie am gedachten Thore aufzugeben. Die Judenschule
und viele in der Nähe des Rubenmarktes gelegenen Gebäude,
unter ihnen das Cyriaxkloster, wurden stark beschädigt. Die
Musketenkugeln rasselten wie Schloßen auf den Dächern. Mit
gleicher Heftigkeit wurde am folgenden Tage das Bombardement fortgesetzt; es wurden etwa 500 Kugeln in die Stadt
geworfen und mehrere Häuser getroffen, so daß viele Einwohner in den Kellern Schutz suchten. Ein Hauptzielpunkt war
auch diesmal die während der Nacht wiederhergestellte Batterie
über dem Andreasthore. Von der Stadt wurde die Kanonade
mit nicht geringerer Heftigkeit erwiedert und den Schanzen viel
Schaden zugefügt. — Am 4. Oktober wurde mit dem Bombardement in gleicher Weise fortgefahren, doch nur bis gegen
zehn Uhr Vormittags, weil ein Waffenstillstand eintrat.

Es waren nämlich bereits seit einigen Tagen Unterhand-
lungen wegen der Ergebung im Gange. Denn obwohl der
bisher in der Stadt angerichtete Schaden nicht bedeutend, die
Zahl der ums Leben gekommenen Personen nur äußerst gering
war,*) es auch der ersteren noch keineswegs an Munition und
Lebensmitteln fehlte, wie denn auf der Ostseite die Stadt noch
gar nicht eingeschlossen und der Verkehr mit den ländlichen
Ortschaften noch unbehindert, endlich eine regelmäßige Belagerung des festesten Punktes, der Cyriaxburg, noch gar nicht
in Angriff genommen war, so daß man sich sehr wohl bis zum
Eintritt des Winters würde haben halten können, so überzeugte man sich doch in Erfurt allmählich von der Erfolglosigkeit des ferneren Widerstands. Auf eine Entsetzung durch aus-
wärtige Hülfe von irgend einer Seite konnte man nicht rechnen,
vielmehr verbreitete sich die Nachricht, daß der Kaiser, von der
Türkennot befreit, auch selbst zur Verstärkung der Belagerungskorps Truppen senden werde, und obenein fingen die Bürger
an des angestrengten Dienstes und der Vernachlässigung ihrer
Erwerbsthätigkeit müde zu werden.

Und doch würde es, wenn man nur noch etwas länger
ausgeharrt hätte, möglich gewesen sein, das drohende Geschick
abzuwenden. Denn als man in Erfurt jede Hoffnung auf
thätigen Beistand sächsischerseits aufgab und die Gefahr eines
feindlichen Angriffes immer drohender auftrat, war der Schloßratsmeister Ludolf nach Berlin gesendet worden, um dort Hilfe
zu erbitten. Kurfürst Friedrich Wilhelm nahm sich auch mit
großem Eifer der Sache an, legte, als er Gewißheit über die
der Stadt drohende Vergewaltigung erhielt, energisch Ver-

---

*) Sie hatte auf Seiten der Belagerten nicht mehr als fünf betragen,
während der Feind 700 Mann verloren haben soll.

wahrung ein und drohte, daß er, um die gefährdete Sicherheit des obersächsischen Kreises aufrecht zu halten und sich
selbst vor Gefahr zu wahren, seinerseits Verteidigungsmaßregeln
ergreifen werde. Er hegte sogar die Absicht, durch die Besetzung der Stadt seinerseits als neutrale Macht den Streit auf
friedlichem Wege zum Abschluß zu bringen, und wollte, um
dies eher zu erreichen, eine Schleifung der Burg und der Wälle
vorschlagen. Ludolf berichtete von Berlin, daß es sich der
mainzische Hof zwar sehr habe angelegen sein lassen, den Kurfürsten Friedrich Wilhelm von der Gerechtigkeit seiner Sache
zu überzeugen, dieser aber sich dennoch bereit erkläre, „mit
möglichsten Mitteln der Stadt an die Hand zu geben.“

Während dieser Verhandlungen faßte jedoch der Rat bereits
den Entschluß, sich zu ergeben; denn am 30. September hatte
man ihm kursächsischerseits mitgeteilt, daß der Kurfürst von Mainz
zu unterhandeln bereit sei und den Freiherrn von Reiffenberg mit
unbeschränkter Vollmacht hierzu versehen habe. Man hatte die
Stadt dringend ermahnt, ja nicht zu zögern, bis die ihr jetzt
noch offene Gnadenthür verschlossen werde, sondern sich an
den General Pradel zu wenden, der erbötig sei, die Aussöh-
nung mit dem Kurfürsten zu vermitteln. Es begaben sich daher
am 3. Oktober Abgeordnete des Rats in das feindliche Haupt-
quartier zu Bindersleben, wo sie Pradel und Reiffenberg
feierlich empfingen und ihnen versprachen, sich am nächsten
Tage selbst in die Stadt zu begeben und das Abkommen zum
Abschluß zu bringen. Doch erst am 5. Oktober beschloß die zu
diesem Zwecke zusammenberufene Bürgerschaft, den ferneren
Widerstand aufzugeben, nachdem ihr noch ein Schreiben des
Kurfürsten von Sachsen mitgeteilt worden war, in welchem
dieser drohte, die Stadt zum Gehorsam zwingen zu helfen,
wenn dieselbe nicht sofort in allem pariere. Man erkannte

so, daß man von Sachsen verraten und nur mit Worten hin-
gehalten sei. Es ward daher an dem nämlichen Tage einerseits
zwischen Pradel und Reiffenberg und den Abgeordneten des
Rats und der Vormünder andererseits, eine Kapitulation abgeschlossen, in Gemäßheit deren die Feindseligkeiten eingestellt und
die Burg und zwei Stadtthore den Belagerern übergeben
werden sollten. Dagegen wurde eine allgemeine Amnestie be-
willigt, von welcher nur acht Personen, darunter die Rittmeister
Rauch und Krebs, Silberschlag, Schlenstein, sowie die, welche
sich an dem kaiserlichen Herold vergriffen hatten, ausgeschlossen
bleiben sollten.

Am 6. Oktober erfolgte der Einmarsch des Belagerungsheeres in die Stadt; doch kehrte der größte Teil desselben dem-
nächst einstweilen in das Feldlager und die Kantonnements
zurück. Sommerfeld, der den Oberbefehl in der Stadt über-
nommen, bemühte sich zwar, strenge Mannszucht zu halten,
vermochte aber doch nicht alle Ausschreitungen zu verhüten.

Die städtischen Bevollmächtigten, die sich in Begleitung
von Pradel und Reiffenberg nach Königshofen, dem damaligen
Aufenthaltsorte Johann Philipp's, begaben, wurden von diesem
bei der Audienz am 9./19. Oktober wohlwollend empfangen.
Nachdem sie fußfällig um Vergebung gebeten hatten, erklärte
der Kurfürst, daß er es, da die Bürgerschaft nur von einigen
Unruhestiftern aufgewiegelt und verführt worden sei, bei einem
scharfen Verweise bewenden lassen, im übrigen aber allgemeine
Verzeihung gewähren wolle, von der nur einige wenige besonders Kompromittierte ausgeschlossen bleiben sollten. Auch verhieß er dafür Sorge zu tragen, daß die Stadt nunmehr wieder
von der Reichsacht befreit werde.

Johann Philipp begab sich hierauf selbst nach Erfurt,
das seit mehr als zweihundert Jahren keinen Landesherrn in

seinen Mauern gesehen hatte. Am 12. Oktober hielt er unter strömendem Regen seinen feierlichen Einzug; 60 Mann der kursächsischen Leibgarde eröffneten denselben, als ob man der Welt offen zeigen wollte, welche Rolle ihr Herr in dieser Angelegenheit spielte. Nachdem Johann Philipp in der Marienkirche seine Andacht gehalten hatte, wurden ihm im Peterskloster, wo er Wohnung nahm, die Schlüssel der Stadt überreicht und von ihm die Zusicherung erteilt, die Religionsfreiheit nie zu kränken, für das Wohl der Stadt stets mit Herz und Seele bemüht zu sein, alle entstandenen Kosten, selbst die durch das Bombardement verursachten ersetzen und allen Einwohnern seine Verzeihung angedeihen zu lassen, auch keinen derselben weder an Leib noch Gütern zu strafen.

Am 28. Oktober fand hierauf die Huldigung der Bürgerschaft vor den großen Domstufen statt, auf deren Höhe sich der Kurfürst auf einem mit rotem Tuche bekleideten Throne unter einem schwarzsammtnen Baldachin niederließ. Sechsundfünfzig aus den Räten, den Vormündern und der Bürgerschaft gewählte Personen leisteten fußfällig die Abbitte und die Huldigung durch Handgelöbnis und körperlichen Eid.

Man kann Johann Philipp streng genommen nicht den Vorwurf machen, daß er das von ihm Versprochene nicht gehalten, sondern sein Wort gebrochen habe, aber dennoch schüttete er ohne weiteren Grund die ganze Schale seines Unwillens über die Stadt aus. Wie ein eroberter Ort in Feindesland wurde sie harter Dienstbarkeit unterworfen, der Freiheit und Selbständigkeit bis auf die kleinste Spur beraubt. Seine erste Sorge war, die über die Stadt erlangte Gewalt für alle Zeit zu befestigen und die Wiederkehr der früheren Zustände, sowie einen neuen Abfall unmöglich zu machen. Es wurde daher

4

nicht nur eine starke Besatzung nach Erfurt gelegt, zu welcher nach einem mit der Krone Böhmen getroffenen Abkommen schon 1665 ein österreichisches Kontingent trat, sondern auch die Umwandlung des Petersberges in eine die Stadt besser als die Cyriaxburg beherrschende Citadelle unverzüglich schon am 15. Oktober in Angriff genommen und mit größter Energie betrieben. Um die Kosten der nötigen starken Garnison zu decken, wurde den zum Stadtgebiete gehörigen Dörfern eine zum Unterhalte jener bestimmte Naturalleistung — die Magazinabgabe — auferlegt.

Alle diese Maßregeln zu ergreifen, scheute sich Johann Philipp nicht, obwohl er vor seinem Unternehmen gegen Erfurt dem Kurfürsten von Sachsen zur Beschwichtigung das Versprechen gegeben hatte, bloß in Gemeinschaft mit ihm die Verhältnisse in Erfurt zu ordnen und nichts vorzunehmen, was den Rechten Sachsens Eintrag thun könne. Ohne dies zu berühren, gelang es ihm sogar in einem dem Wortlaut nach mit den sächsischen Fürsten ernestinischer Linie vereinbarten und von dem Kurfürsten Johann Georg nur vermittelten, in der Wirklichkeit aber mit diesem zu Leipzig am 20./30. Dezember 1665 abgeschlossenen Vertrage, dieselben dahin zu vermögen, die volle und uneingeschränkte Landeshoheit des Erzstifts Mainz nicht nur über die Stadt Erfurt selbst, sondern auch über deren ganzes Gebiet und die damals in sächsischem Pfandbesitz befindlichen Ämter Mühlberg und Tondorf anzuerkennen und sowohl auf das ihnen bisher zugestandene Schutzrecht wie auf die Lehnsherrlichkeit über die größere Zahl der Erfurter Dörfer zu verzichten. Es war dies ein so bedeutender Vorteil, daß er außer Verhältnis zu dem stand, was das Erzstift dafür aufgab: das Recht der Wiedereinlösung von Capellendorf und die Oberlehnsherrlichkeit über einige sächsische Orte.

Seit dieser Zeit war eine Einmischung Sachsens in Erfurter Verhältnisse, das früher Kurmainz so oft hemmend entgegengetreten war, völlig ausgeschlossen. Der Kurfürst von Mainz war fortab der alleinige und unbeschränkte Herr im Lande. Denn auch der Kurfürst von Sachsen verzichtete noch ausdrücklich seinerseits in einem am 22. März/1. April 1667 zu Schulpforta bei einer persönlichen Zusammenkunft mit Johann Philipp abgeschlossenen, lange geheim gehaltenen, Vertrage gegen Empfang von 100000 meißnische Gulden und den Erlaß von 63000 fl. für sich und seine Nachfolger auf alle Rechte und Ansprüche, die er als Erbschutzherr und Oberlehnsherr auf Erfurt und dessen Gebiet habe, und versprach allen entgegen zu treten, die etwa vermeinen sollten, an Kurmainz Ansprüche erheben zu können.

Dafür, daß von der Stadt Erfurt selbst kein Widerspruch erhoben werden könne, hatten die für die städtische Verwaltung getroffenen Anordnungen vollauf gesorgt. Zu diesem Zweck, wenn auch angeblich, um die politischen Parteien zu versöhnen, wurde der Gemeinde das Recht, die Obrigkeit zu wählen, entzogen, der Rat zwar ferner, als städtisches Verwaltungsorgan beibehalten und daher fortan Stadtrat genannt, die Ernennung seiner Mitglieder aber dem Landesherrn vorbehalten, so daß er thatsächlich aus einer Gemeinde in eine Staatsbehörde umgewandelt wurde. Zugleich ward das Amt der Vierherren aufgehoben, das jetzt im städtischen Organismus gar keinen Sinn hatte, und das der Vormünder auch nur dem Namen nach beibehalten, da von einer Teilnahme an der Gesetzgebung nicht mehr die Rede sein konnte. Sie waren fortan nur noch die Verwalter des Korporationsvermögens der Stadtviertel oder Leiter der Innungen.

Durch eine am 5. Mai 1665 erlassene Regimentsordnung

4*

wurden die Grundsätze für die fernere Verwaltung der Stadt und ihres Gebietes festgestellt. Danach sollte die oberste Behörde in Verwaltungs- und Rechtssachen das Vizedomamt, das aber diesen Namen mit dem der Regierung vertauschte, bilden; in ihr führte der aus der Zahl der Domkapitularen zu nehmende Statthalter den Vorsitz. Die höchste Instanz für die Rechtspflege bildete fortan nicht das Reichsgericht, sondern das Hofgericht in Mainz, für Verwaltungssachen die dortige Regierung, für die Finanzen die Hofkammer. Das Militärwesen hatte der Stadtkommandant zu leiten. An die Stelle des bisherigen Erbeides trat die landesherrliche Erbhuldigung.

Fast noch einschneidendere Abänderungen traten in betreff der Vermögensverhältnisse der Stadt ein, wo allerdings ein kräftiges Eingreifen durchaus notwendig war, da sich dieselben in der größten Zerrüttung befanden. Die Schuldenlast der Gemeinde überstieg weit ihr Vermögen. Der verarmte und erwerblose Zustand, in den die Einwohner geraten waren, machte es unmöglich, in beträchtlicherem Maße in ihren Säckel zurück zu greifen. So mußte sich der Kurfürst, wenn wieder geordnete Zustände eintreten sollten, entschließen, auch seinerseits Opfer zu bringen. Damit diese aber mäßig blieben, ward das bisherige Kämmereivermögen der Gemeinde entzogen und zum landesherrlichen Eigentum gemacht. So kamen nicht nur alle Gefälle, sondern auch die Erträge aus den der Stadt bisher zugehörigen Orten, man kann fast sagen stillschweigend, in den Besitz des landesherrlichen Fiskus. Diesem flossen fortan auch alle Gemeindeabgaben direkt zu, und es wurde daher schon von 1667 ab die Kämmereirechnung nicht mehr als eine städtische, sondern als eine kurfürstliche geführt. Eine notwendige Folge hiervon war, daß auch alle städtischen Bedürfnisse, so namentlich die Gehälter aller Beamten aus der

Staatskasse bestritten werden mußten, wodurch jene vollständig in die Kategorie landesherrlicher Beamten traten.

Alle diese, die bisherigen Verhältnisse der Stadt und ihrer Bewohner so völlig umgestaltenden Maßregeln trafen die Beteiligten so unvorbereitet und wurden so schleunig durchgeführt, daß niemand an die Organisation eines Widerstandes dagegen ernstlich denken konnte. Dieselben wurden aber zugleich mit ebensoviel Schonung als Takt und Klugheit durchgeführt, so daß wenigstens der Einzelne keine Veranlassung hatte, sich verletzt zu fühlen. Bei jeder Umwälzung wird man aber viel weniger dem Mißlingen ausgesetzt sein, wenn man das Wohl der Gesamtheit, als wenn man das Interesse der Einzelnen beeinträchtigt. Um den Übergang von der Gemeinde- zur landesherrlichen Regierung weniger merklich zu machen und diejenigen zu beschwichtigen, die durch ihren Einfluß bei den Bürgern am ehesten in der Lage gewesen wären, einem etwaigen Widerstande Nachdruck zu geben, berief Johann Philipp in geschicktester Weise vornehmlich die Männer in den neuen Rat, welche sich bisher an der Spitze der Verwaltung befanden, und zwar ohne Rücksicht auf ihre Parteistellung und darauf, ob sie bisher auf seiner Seite standen oder seine Gegner gewesen waren.

Einen vielleicht noch größeren Beweis seiner Staatsklugheit gab Johann Philipp durch sein Verhalten in kirchlicher Beziehung. Er gewährleistete nicht nur durch eine von ihm ausgestellte und vom Domkapitel bekräftigte Urkunde die ungestörte Ausübung des augsburgischen Bekenntnisses in dem gegenwärtigen Zustande und im Besitze aller ihm dienenden Kirchen mit deren Einkünften, sowie die Teilnahme an der Universität und den Schulen, sondern es war auch eine seiner ersten amtlichen Handlungen, den evangelischen Geistlichen einen besonderen Schutzbrief zu erteilen, in welchem sie unter anderm von der Einquartierungslast und allen Geldschatzungen befreit wurden. Die Leitung der evangelischen Kirchenangelegenheiten sollte nicht den gewöhnlichen kurfürstlichen Behörden, sondern den evangelischen Mitgliedern des Stadtrats und dem evangelischen Ministerium zustehen.

Diese Maßregeln sind sowohl ein Denkmal der Staats- klugheit Johann Philipps wie seines vorurteilsfreien Geistes und seiner Unbefangenheit in religiösen Dingen, wie man sie bei einem katholischen Kirchenfürsten jener Zeit gleich nach dem großen Religionskriege kaum für möglich halten sollte. Sie beweisen aber zugleich auf der einen Seite, wie wenig begründet die Besorgnisse derer waren, welche in der Haltung des Kirchen- gebets eine Gefährdung des evangelischen Glaubens erblickten, und auf der andern wie richtig diejenigen die Sachlage beur- teilten, welche behauptet hatten, Johann Philipp wolle sich des Kirchengebets nur als eines Mittels bedienen, um seine weltliche Herrschaft über Erfurt zu erweitern.

Mainzischerseits wurde für die Unterwerfung der, wie es scheint, zuerst von Ludwig XIV. gebrauchte Name: Reduction angenommen, der streng genommen durchaus nicht die Sache traf; das was geschah war nicht sowohl die Wiederherstellung eines früheren, sondern die Schaffung eines vollständig neuen Zustandes.

Es ist ein keineswegs anziehendes Bild, das in dem Vor- stehenden entrollt worden ist. Nicht tief eingreifende Prinzipien oder großartige Ideen waren es, um die man kämpfte; es han- delte sich, nachdem sich die Stadt bereit erklärt hatte, alle von Kurmainz in Anspruch genommene Rechte zu bewilligen, gar nicht mehr um Unabhängigkeit und Freiheit; auch die Religion kam nicht in Frage, da eigentlich von Anfang an niemand darüber in Zweifel war, daß das Kirchengebet sich nur auf das Verhältnis zum Landesherrn beziehe. Hätte man nun wenigstens das unbedachte Beginnen, das eigensinnige Be- harren durch einen ehrenvollen Untergang gesühnt; aber auch nicht einmal nach diesem Ruhme strebte man. Als der erste Rausch verflogen war, trat mit der Ernüchterung zugleich vollständige Abspannung ein, und man gab, ohne schon bis an die Grenze der Kräfte gelangt zu sein, gleich alles ver- loren. Verfolgt man aufmerksam den Gang der Ereignisse, so kann man sich der Überzeugung nicht verschließen, daß es überall nur niedrige Selbstsucht und Verfolgung persön- licher Zwecke gewesen ist, welche die Hebel in Bewegung gesetzt haben. Und in demselben Maße wie die Dinge, um die es sich handelte, jeder Hoheit entbehrten, ebenso die Männer, welche auf die Bühne traten. Unter denen, welche sich in der Stadt nach einander in den Vordergrund stellten, ist auch nicht ein großartiger Charakter, nicht einer, der es ver- mocht hätte, das Steuer mit Umsicht und Geschick zu führen und sich dem Andrange der Wogen mit Kraft entgegen zu stellen, nicht einer, dem das Wohl der Vaterstadt höher ge- standen hätte, als der persönliche Vorteil. Blinder Partei- haß, Selbstsucht, Unstätigkeit, Charakterschwäche auf der einen, Unvernunft und der in der Geschichte von Erfurt so oft her- vortretende unruhige Geist der niederen Volksschichten, die Lust an anarchischen Zuständen auf der andern Seite, sind die alleinigen Triebfedern für die geschilderten Ereignisse gewesen.

Auch die Gegner erscheinen in nicht günstigerem Lichte. Selbst dem Kurfürsten Johann Philipp kann man nur den Ruhm der Staatsklugheit und die Fähigkeit zugestehen, die für seine Zwecke brauchbarsten Mittel aufzufinden und mit eben so viel Geschick als Beharrlichkeit durchzuführen. Es kann dem, welcher den Gang seiner Politik unbefangen verfolgt, kein Zweifel darüber bleiben, daß jener von hause aus lediglich darauf ausgegangen ist, die Stadt zum äußersten zu treiben. Daß er in der Wahl seiner Mittel hierzu nicht eben sehr peinlich ge- wesen ist und selbst nicht davor zurückschrak, den Erbfeind

Deutschlands zu diesem Zweck in dessen Mitte zu führen. Er ist es so gewesen, der zuerst Frankreich veranlaßt hat, sich in die innern deutschen Angelegenheiten zu mischen.

Noch kläglicher ist freilich die Rolle, welche die sonst noch Beteiligten, namentlich die sächsischen Fürsten, gespielt haben, deren Politik nur in einem beständigen Hin- und Herschwanken Stätigkeit zeigt. Wenn man den übrigen sächsischen Fürsten, mögen sie auch von selbstischen Tendenzen nicht frei gewesen sein, im wesentlichen nur Mangel an Thatkraft und politischer Einsicht vorwerfen kann, trifft den Kurfürsten Johann Georg geradezu der Vorwurf des Verrats und der Bestechlichkeit.

Leider stehen aber die geschilderten Thatsachen in jener Zeit nicht als Ausnahme da, vielmehr bilden sie nur einen treuen Spiegel der Zustände, wie sie sich in der zweiten Hälfte des 17. Jahrhunderts fast überall in Deutschland fanden und sich durch die Abspannung, welche der große Krieg zurückgelassen, wohl einigermaßen erklären, aber sicher nicht rechtfertigen lassen. Überall begegnet man der Schwäche, dem Anklammern an das Kleinliche und Nichtige; es ist als wenn aller Sinn für das Edle, Hohe, Großherzige damals in unserem Vaterlande erstorben gewesen wäre.

Nur einen Mann zählte dasselbe damals, dem die Größe und Unabhängigkeit des deutschen Volks am Herzen lag, und der jedes Opfer dafür zu bringen bereit war, der alle seine Zeitgenossen weit überragte, Friedrich Wilhelm, den großen Kurfürsten von Brandenburg. Er wäre der einzige gewesen, der in Erfurts Jammer rettend hätte eingreifen können, und dem es auch an dem Willen hierzu nicht gebrach. Leider wurde aber seine Vermittelung erst in Anspruch genommen, als es zu spät und bereits alles verloren war. Daß man sich nicht an ihn wendete, als es noch Zeit war, ist ein neuer Beweis von der Unfähigkeit und politischen Kurzsichtigkeit der Männer, welche zu jener Zeit die Geschicke der Stadt Erfurt zu lenken berufen waren.

Halle a. S. Druck von Otto Hendel.

In demselben Commissions-Verlage erschienen seit 1877 folgende

Neujahrsblätter:

1. Wallenstein und die Stadt Halle 1625 – 1627.
   Von Julius Opel.   80 Pf.

2. Cardinal Albrecht von Mainz und die Erfurter Kirchen-
   reformation (1514 – 1533).
   Von Wilhelm Schum.   1 Mk. 20 Pf.

3. Der Brocken in Geschichte und Sage
   Von Eduard Jacobs.   1 Mk. 20 Pf.

4. Die Halberstädter Schicht im November 1423.
   Von Gustav Schmidt.   1 Mk.

5. Die Reformation in Nordhausen 1522 – 1525.
   Von Theodor Perschmann.   1 Mk.

6. Löbejün und Cönnern während des dreißigjährigen
   Krieges.
   Von Gustav Hertzberg.   1 M.

7. Die Einführung des Christenthums in den nordthürin-
   gischen Gauen Frießenfeld und Hassengau.
   Von Hermann Größler.   1 M.

8. Martin Luther, der deutsche Reformator.
   Von Julius Köstlin.   1 Mk.

9. Bad Lauchstädt.
   Von Otto Nasemann.   1 Mk.

10. Die Gegenreformation in Magdeburg.
    Von G. Hertel.   1 Mk.

www.ingramcontent.com/pod-product-compliance
Lightning Source LLC
Chambersburg PA
CBHW022013190326
41519CB00010B/1500